气象传播学导论

彭莹辉　姜海如　等　著

内容简介

本书从气象传播学研究的目的和意义入手，给出了气象传播的定义及气象传播学的内涵，系统地总结了气象传播的内容、载体、效果、管理等，并对气象传播学的基础理论进行了初步探索。

本书可为气象部门制定完善气象传播政策和其他学者从事相关研究提供基础支持。

图书在版编目（CIP）数据

气象传播学导论 / 彭莹辉等著. -- 北京：气象出版社，2019.8

ISBN 978-7-5029-7016-1

Ⅰ. ①气… Ⅱ. ①彭… Ⅲ. ①气象学－传播学－研究 Ⅳ. ① P4-05

中国版本图书馆 CIP 数据核字（2019）第 170718 号

气象传播学导论

彭莹辉 姜海如 等 著

出版发行：气象出版社

地　　址：北京市海淀区中关村南大街 46 号　　　邮政编码：100081

电　　话：010-68407112（总编室）　010-68408042（发行部）

网　　址：http://www.qxcbs.com　　　E-mail：qxcbs@cma.gov.cn

责任编辑：隋珂珂　　　终　　审：吴晓鹏

责任校对：王丽梅　　　责任技编：赵相宁

封面设计：时源钊

印　　刷：北京中石油彩色印刷有限责任公司

开　　本：710 mm×1000 mm　1/16　　　印　　张：13.5

字　　数：204 千字

版　　次：2019 年 8 月第 1 版　　　印　　次：2019 年 8 月第 1 次印刷

定　　价：68.00 元

《气象信息传播研究》课题与本书写作组成员

组长：彭莹辉　　姜海如

成员（按姓氏笔画排列）：

王　昕　　王淞秋　　王　瑾　　邓　一

叶梦姝　　刘立成　　杨　夏　　吴　越

辛　源　　张格苗　　陆　铭　　苗艳丽

贾静淅　　龚江丽

前　言
FOREWORD

气象传播学从理论上来讲是传播学和科学社会学的一个重要分支，从实践上来讲是现代气象业务服务的重要内容和环节。气象传播具有科学性强、时效性强、传播范围广、与人民群众生产生活息息相关等特点。气象传播的效果与传播内容、传播模式、传播渠道、传播管理政策等因素密切相关。目前，国内对气象传播的系统研究还比较欠缺，基础研究更是不足。特别是近年来在全媒体环境下，气象传播遇到许多新情况、新问题。因此，对气象传播实践中遇到的问题进行了系统的分析研究，同时充分借鉴传播学、社会学等相关学科领域的理论框架，形成气象传播学的研究基础。

本书从气象传播学研究的目的和意义入手，给出了气象传播的定义，是指对气象综合观测信息、天气预报预测信息、气象综合服务预警信息、气象科学研究和科普信息、气象行业信息和气象科学技术信息等进行有目的的传播行为；分析了气象传播的特点和内涵，追溯了气象传播的起源与发展，并对国内外气象传播发展概况进行了总结，从历程、传播载体发展等角度对气象传播学做出宏观论述。在此基础上，对气象传播学的基础理论进行了初步探索，对气象传播内容的分类、特点及质量进行了分析；研究了气象传播载体，传播者与受众特征及相互关系；评价了气象传播的效果；提出了加强气象传播管理的对策。本书研究的重点内容为：

一是关于气象传播学内涵的研究。气象传播学是传播学的一个分支，指的是用传播学的理论和方法研究气象信息传递规律的一门学科。它的理论支撑点是传播学的一般理论，它的研究方法是传播学的研究方法，它的研究对象可以概括为涉及气象信息的传递规律。具体来说，气象传播学的研究范围分为三个部分，即气象传播的历史、气象传播的类型和气象传播的过程。

二是气象传播的内容与特点。对气象传播的内容，分别按照气象部门的习惯分类、社会传播习惯分类、气象信息类别分类进行了研究。对气象传播的特点，包括气象预警类信息传播具有传播受众广泛性、传播过程时效性、传播范围地域性、传播内容科学性、传播延续无限性等特点；气象新闻类信息传播具有权威性、时效性、实用性等特点；气象科普类信息传播具有切入点丰富多样、创新性越来越明显等特点。

三是气象传播过程与效果。气象传播过程是指传播者和受众之间进行信息互通的过程。本书对其过程进行了系统研究，在此基础上，进一步分析了气象传播的效果，总结了影响气象传播效果的因素，研究了气象传播效果的评价途径、评价标准等问题。

四是气象传播管理探索。本书有关部分对影响我国气象传播内容、质量、效果的体制、制度、管理等问题进行了总结，分析了气象传播管理在促进气象传播健康发展、维护气象信息发布传播秩序等方面的重要意义，研究了气象传播法治体系构成，提出了改进气象传播管理的对策建议。

近些年来，中国气象局高度重视气象传播研究，先后支持了一系列相关专题研究，其中2013年至2018年由彭莹辉主持承担了中国气象局气象软科学研究项目（项目编号：〔2013〕M、[2014]M、〔2016〕D12）、〔2018〕D17），比较系统地开展了我国气象传播相关专题研究，为使这些研究成果在更大范围得到推广应用，在四个课题研究成果的基础上，著作者进行了比较系统的研究疏理，形成了本书。

本书参与作者有（按姓氏笔画）：王昕、王淞秋、王瑾、邓一、叶梦姝、刘立成、杨夏、吴越、辛源、张格苗、陆铭、苗艳丽、贾静淅、龚江丽。此外，王淞秋参与了部分文献收集和整理工作。

本书出版得到中国气象局气象干部培训学院、中国气象局发展研究中心和气象出版社的大力支持，王守荣、高学浩、王志强、王月宾、潘进军、张俊霞、张洪广等专家在课题研究中给予诸多指导。在编写过程中参阅了大量文献，大部分引文在本书结尾作了标注，但由于所涉及的文献较多，部分引用资料未在标注中全列，在此一并致谢。

由于气象传播学研究是一个全新的领域，涉及面十分广泛，涉及学科门类较多，一些研究还不够深入，一些研究成果尚存在较大的不确定性，故在书中提出的一些、观点的科学性仍值得深入探索，书中难免有不当和谬误之处，恳请读者、专家和同仁不吝赐教。

彭莹辉

2018 年 12 月

目录
CONTENTS

第①章 绪论

传播是人类文明存在的基本方式，中国自古就十分重视各类知识的传播，创造了丰富的古代传播工具和文化。但人类对传播规律的系统认识和把握则是在20世纪中叶。传播学最初产生于美国，20世纪70年代传到中国，经过近40年的探索与实践，传播学在中国已经发展成为一门新兴的学科，也大大促进了当代气象传播的研究与发展。

1.1 传播与气象传播

气象传播活动，伴随着人类社会的诞生而产生，是人类交流的重要形式之一。随着科技的进步，社会的发展，对现代气象信息、气象技术和气象知识提出了许多新的研究课题，推动更多学者、专家和气象科技工作者寻找新的角度和方法，以促进气象科技在经济社会发展中发挥作用，气象传播学作为一门学科正是在这样的大背景下提出来的新的研究课题。

我国是世界上气象灾害最严重的国家之一，灾害种类多、分布地域广、发生频率高、造成损失重，与极端天气气候事件有关的灾害占自然灾害的70%以上，且近年来极端天气气候事件呈现频率增加、强度增大的趋势。未来，受全球气候变化影响，中国区域气温将继续上升，暴雨、强风暴潮、大范围干旱等极端事件的发生频次和强度还将增加，洪涝灾害的强度呈上升趋势，海平面将继续上升，引发的气象灾害及次生灾害所造成的经济损失和影响不断加大。在当代人类活动和经济发展与天气气候关系更加密切，气候安全形势日益复杂多变，我国经济安全、生态环境安全等传统与非传统安全都将面临重大威胁和严峻挑战，需要努力实现从注重灾后救助向注重灾前预防转变，从应对单一灾种向综合减灾转变，从减少灾害损失向减轻灾害风险转变，全面提升全社会抵御自然灾害的综合防范能力。气象防灾减灾和各行各业经济社会生产活动，离不开气象信息的传播与沟通；有效的气象传播活动，与经济传播理论密切相关。因此，气象传播学不仅是一门理论科学，更是一门应用性很强、能够有效保障经济社会活动正常运行和提高经济社会发展效益的应用科学。

什么是气象传播学？它包含哪些气象传播现象？研究气象传播有哪些意义？这是研究气象传播学首先要解决的基本问题。

1.1.1 什么是传播

任何一种知识的积累，任何一种思想观点、理论见解得以为人们所接受都离不开传播，人类文明正是在传播交流中发展起来的。正如人类离不开空气，人类发展也离不开传播。

最原始的传播可以通过声音，用说话来完成，也可以通过体态语来完成，还可以通过人与人之间相互接触与思想交流来实现。人类生活进入信息时代，每时每刻都需要接受信息、传播信息。因此，传播在人类社会生活中有着十分重要的作用。传播学在自身的发展中，吸取了社会科学诸多学科的营养，在实践中又在心理学、社会学、政治学、经济学以及文学、语言学等学科的发展中，发挥着巨大的作用。

传播是传播学里的一个基本概念。对于传播，不同的学者有不同解释，根据胡正荣（1997）主编的《传播学总论》的归纳主要有以下解释。

1. 西方学者目前比较有代表性的观点

（1）侧重共享，即“传播就是变独有为共有的过程”——戈德；

（2）侧重互动与关系，即“传播可以定义为通过讯息进行的社会的相互作用”——格伯纳；

（3）侧重符号传送，即“运用符号—词语、数字、图表等传递信息、思想、感情、技术等。这种传递的行动或过程通常称作传播”——贝雷尔森和塞纳；

（4）侧重强调“目的”“影响”“反应”，即“所有传播行为都旨在从特定人物（或一群人）引出特定的反应”——C. 霍夫兰等。

2. 我国学者对“传播”的界定，较有代表性的观点

戴元光等（1988）认为，“事实上传播是信息在时间或空间中的移动和变化”；沙莲香（1990）认为“从最一般的意义说，传播是社会信息的传递；传播表现为传播者，传播渠道，受众之间的一系列传播关系；传播是由传播关系组成的动态的有结构的信息传递过程；传播是社会性行动，传播关系反映社会关系的特点”；徐耀魁（1990）认为，“传播就是人们进行信息交流的一种活动”；李彬（1993）认为，“传播是信息的双向流通过程，包括人际传播与大众传播两大类型”；张国良（1995）认为，“传播，即：传授信息的行为（或过程）”。概括地讲，我国学者对“传播”的定义有两点是共同的，即传播是一种动态的活动行为；传播是一种信息的流动。

从以上不同学者对传播一词赋予的不同含义分析，大都还是保持了传播的基本词义。“传播”是英语 communication 的对译，而在英语中 communication 并不是一个单义词，它的含义有十几种之多，比如“传递”“传达”“传布”“会话”“交流”“交往”“交通”“参与”等。相对在汉语中，传播一词的义项则比较明确，在汉语中“传”和“播”连用的情况始见于《北史 · 突厥传》中“传播中外，咸使知闻”一语。这说明，我国起码在 1400 年前就开始使用“传播”一词，在元代人写的《宋史 · 贺铸传》中，即有“所为词章，往往传播在人口”。这里“传播”讲的都是某种事物的传递、散布等含义。

在现代汉语中，“传播”是一个联合结构的词，其中“播”多半是指“传播”，而“传”是具有“递、送、交、运、给、表达”等多种动态的意义。因此，在商务印书馆出版的《现代汉语词典》中解释为“广泛散布”。由此可见，在英语和汉语中，“传播”的义项都有“传递”的意思。美国传播学者阿耶尔正是从这个意义上说，传播在广义上指的是信息的传递，它不仅包括接触新闻，而且包括表达感情、期待、命令、愿望或其他任何什么。美国社会学家库利就从社会学的角度指出了传播的本质，是信息包括一切精神象征及其在空间得到传递、在时间上得到保存的手段。它包括表情、态度和动作、声调、语言、文章、印刷品、铁路、电报、电话以及人类征服空间和时间的其他任何最新成果。如果从信息化时代来看，当然还应用包括感控、网络、手机、一切数据和符号等。

从以上中外学者对“传播”解释可以看出，传播的最普遍意义必然包含“信息和传送”两个要素，前者为传播的内容，后者为传播的方式。因此，传播基本可以定义为是指信息的传送或流动过程。

传播，从广义上讲，不仅包括人类社会的信息传送或流动，而且也涵盖自然界中的信息传送或流动。广义上的信息，是事物运动的存在或表现的形式，无处不在，只要有信息存在，就有传送或流动，就存在传播现象。人类社会信息传播就是社会信息的传送或流动过程。

1.1.2 什么是气象传播

气象传播是从信息内容的角度对传播做出的划分。如果说传播的本质是信息传递的话，那么气象传播可以界定为社会领域内的涉及气象信息的传递。那么涉及气象信息指的是什么信息呢？

这里气象信息应有狭义与广义之区分。狭义的信息是指通信系统传输和处理的对象，一般指事件或资料数据，相应地狭义的气象信息，则主要是指气象通信系统传输和处理的对象，一般指气象观测数据和气象资料，以及气象预报预警信息等。如 1999 年发布的《中华人民共和国气象法》（以下简称《气象法》）规定，广播、电视、报纸、电信等媒体向社会传播气象预报和灾害性天气警报，必须使用气象主管机构所属的气象台站提供的适时气象信息。本款规定的“适时气象信息”，是指气象台站最新制作、发布的气象预报和灾害性天气警报信息。而非适时气象信息则是指超过一定时限的气象观测数据、气象资料和气象预报预警等信息。因此，目前气象部门所指的气象信息，主要包括气象综合观测信息、天气预报预测信息、气象预警信息、气象科学研究和科普信息、气象行业信息和气象科学技术信息等六个方面。

广义的信息，是指事物运动的状态与方式，是物质的一种属性。在这里，“事物”泛指一切可能的研究对象，包括外部世界的物质客体，也包括主观世界的精神现象；“运动”泛指一切意义上的变化，包括机械运动、化学运动、思维运动和社会运动等；“运动方式”是指事物运动在时间上所呈现的过程和规律；“运动状态”则是事物运动在空间上所展示的形状与态势。广义的信息，能涵盖所有其他的信息定义（包括气象信息），还可以通过引入约束条件进行转换，引入的约束条件越多，信息的内涵就越丰富，适用范围也就越具体，由此构成相互间有一定联系的信息概念体系。

广义的气象信息不同于气象新闻，气象信息是气象新闻的内核；气象信息不同于气象信号，气象信息是气象信号所载荷的内容；气象信息不同于气象数据，同样的气象信息可以用文字、图像、声音等来表述。总之，广义的气象信息，是指泛人类社会活动中可采集和可传播的一切气象相关的信息内容。具体讲，广义的气象信息主要包括以下内容：

（1）气象信息生产。气象行业是一个生产气象信息的行业，这个行业的特点，就是通过各种探测技术和手段获取地球大气运动的信息，并根据这些信息来研究大气运动的规律，并生产气象预测预报产品。从获取大自然信息来讲，气象行业是相对天文、水文、地震、生态等行业而相对独立的信息部门，任何行业的人以实践力行的方式直接参加气象生产活动而形成的信息，都可以叫作气象信息生产，气象信息生产内容非常丰富，但气象部门是气象信息生产的最主要部门。这是气象信息的基础和核心部分，是气象传播的重点内容。

（2）气象科技信息。气象科学技术是气象信息凝聚在技术装备、系统软件中的生产要素，如果没有先进的科学技术在气象信息生产中的应用，就不可能提高气象技术水平，也不可能提高气象预测预报质量和气象服务质量。因此，气象科技信息在气象科学技术向生产力转化的过程中扮演着十分重要的角色，是涉及气象信息十分重要的组成部分。

（3）气象技术与装备信息。从事气象信息生产需要生产工具，这些气象工具包括知识工具、技术工具、仪器和装备等。气象信息生产的工具越先进，气象信息产品的质量就越高，气象信息服务的能力就越强，气象传播的效果就越好。因此，气象技术与装备的生产和使用对气象信息生产很重要，有关气象技术与装备的生产的信息，是气象传播所需要关注的内容。

（4）气象行业和气象队伍信息。由从事气象信息活动的人，构成了气象行业和气象队伍，他们是从事气象信息生产、传播和服务的主体，自然也构成广义上涉及气象信息的重要内容。气象传播也自然涉及气象行业和气象队伍的信息内容。气象传播涉及气象行业，包括了各类媒体和媒体人的参与。

在认识气象传播的社会本质时，还应当看到，气象传播是一种社会信息共享活动，意味着信息的交流、交换和扩散。气象传播是一种过程、一种行为、一种系统。气象传播为“一种过程”，着眼点在于气象传播的动态和运动机制，考察的是从信源到信宿、从信宿到信源一系列环节和因素的相互作用和相互影响的关系；气象传播为“一种行为”，着眼点侧重于把气象传播看作是以人为主体的活动，考察的是人的气象传播行为与其他社会行为的关系；气象传播为“一种系统”，即从系统论的角度考虑问题，不但考察某个具体气象传播过程，而且考察各个气象传播过程的相互作用及其所引起的总体发展变化。

1.1.3 气象传播的特点

气象传播是气象信息的传递与交流，具有传播的一般特点。同时，气象信息需要进入到人们生产生活的各个方面，相应的气象传播活动，必然要受到人们生产生活方式和有关条件的制约。因此，气象传播的特点，既取决于一般传播的特点，又与气象活动的特殊性相联系，主要表现为以下几点：

1. 气象传播的多样性

（1）气象传播的表现形式多样。当前，气象传播的表现形式，既有借助各种媒介进行的大众传播，如气象电视节目、气象电影节目、气象广播节目、气象网站、微博、微信、客户端等，也有演讲、培训等人际传播，还有形式多样的组织传播，如气象博览会、气象科普馆、气象科技示范园、气象科技集会等。多样化的传播形式使得气象传播者在进行一项传播活动时，需要统筹考虑采用哪种形式传播。每一种传播形式都有其特点与优势，要根据传播的实际需要进行综合选优，以保证传播内容以最优的方式、最快的速度和最好的效果传递给目标受众。

（2）气象传播的渠道多样。气象传播渠道既有传统的传播渠道，也有新拓宽的渠道，每当有一种新渠道出现，往往都会最先应用于气象传播。从传播学的意义看，气象传播渠道的多样性主要反映在以下方面：

1）人际传播渠道，即面对面的传播和借助于现代传播工具的远距离传播，如电话、书信、电报、传真、手机、电脑等，现代科学技术的发展使得气象传播活动，可以借助多种传播渠道实现远距离的人际传播，使得人际传播不再只是面对面的言语沟通。借助人际传播渠道进行气象传播具有即时传播、双向沟通、互动交流的特点，能够根据传播的具体情况，即时反馈受众的反映，随时进行传播活动的调适。但人际传播渠道的影响范围有限，且容易受传播环境及个人因素的干扰。

2）组织传播渠道，即借助组织系统的力量，进行的气象传播交流。现代管理科学的发展，为气象传播的组织与管理提供了技术及服务支持。借助组织渠道进行的气象传播，既包括通过行政组织系统、气象会议、气象展览、气象培训等组织形式进行的短期组织传播，也包括社会工作者有效地从不同渠道接受信息，由专门的气象信息服务中心及技术推广站等，长期为基层生产者提供适时、适合的气象信息及服务。

组织传播渠道具有规范性、组织性及目标的可控性等特点，其影响范围较广，可以实现即时反馈，但具有传播成本较高、人财物耗费大的不足。

3）大众传播渠道，即通过网络、新媒体、电视、广播、电影、报刊、书籍、微博、微信、客户端、手机短信等传播媒介进行气象科技知识的普及教育，以及气象信息的传递。大众传播渠道影响面广、可以超越时空局限。但同时，大众传播的单向性使得信息的反馈较难，难以有效地控制传播效果。

事实上，一项具体的气象传播活动往往不只是单纯使用一种传播渠道，而是综合运用多种渠道。如组织传播中气象科普馆、博览会就借助于面对面现场交流的人际传播渠道，以及借助大众传播渠道进行广泛的宣传推广等。在传播实践中通过哪种传播渠道进行传播需要视传播的具体需要而定。

气象传播渠道的多样化，一方面可以使各种信息传播渠道相互补充、优化组合，另一方面又可以扩大气象信息的覆盖面，增强信息的渗透力，避免气象信息传播中的人为因素干扰，实现气象传播效果的最优化。多样化的气象传播渠道，为气象传播者优化信息传递提供了便利的条件，使其能够迅速及时地搜集、处理信息。

2. 气象传播者众多

气象传播者是一个十分庞大的群体，并非只是一个系统或一个部门的传播者。气象传播中的一级传播者不是单一的，而是包括各个部门、各类组织和社会各层面的传播参与者。气象传播者的群体构成具体包括大众传媒相关机构中从事气象信息采集、制作、发送等的工作人员，政府部门中从事气象管理与服务的工作人员，专业从事气象信息服务管理的人员等。这些不同领域、不同专业的气象传播者构成了一个庞大的传播者队伍，他们之间既相互区别，又相互联系。从气象信息的产出到播出，从信息的提供到信息的传送，这其中的每一个环节都需要气象传播者的相互协作、相互沟通与相互配合。

气象传播中的二级传播及多级传播可能是基层技术工作人员，也可能是基层干部和气象传播志愿者，还可能是气象服务用户，他们身份各不相同，但具有一个共同的特点，就是对于气象信息的掌握要优于其他人员，并且能将信息通过社交媒体或人际传播渠道及时有效地传播开来。因此，特别在街道、社区、农村的一些气象信息员，他们既是气象传播的信息接受者，也是传播者，他们是气象传播者在进行信息传递时需要优先考虑的人群。

3. 气象传播的内容丰富

气象信息与各行业各业都有直接或间接的关系，传统的气象传播主要是提供气象预报、警报信息，随着经济社会的发展，各行各业及公众对气象信息的需求不断增加，特别是一些与经济社会关系密切的气象服务信息产品，如气象灾害防御、气象为农服务等气象信息产品。因此，气象传播的内容不仅包括气象信息本身，而且还包括与气象相关的科技信息、专业信息等。因此，气象传播的内容涵盖面广，涉及的领域宽泛，并随着气象科技发展不断丰富。

4. 气象传播的受众需求多样

不同的传播受众对气象信息的需求不同。主要受行业、产业、地域、文化、习俗等因素的影响，使得气象传播的受众需求呈现多层次、多样化的特点。气象信息使用者是气象传播受众的主体，中国地大物博，气象信息使用者遍布华夏大地，分布广泛，不同地域的气象信息使用者对信息的需求是各不相同的，如同样是种小麦，南方种的是冬小麦，而东北种的是春小麦，南北对于小麦种植的气象信息服务需求存在时间上的差异，而且在小麦的品种及种植方法上由于气候条件不同也存在很大差异。气象传播必须适应人口受众分化的现状，以专业化、分众化的信息传播来满足不同层次的气象信息受众群体的需要。

5. 气象传播的社会性

社会性是传播的基本特点，气象传播活动作为传播活动的一种表现形式，必然也具有社会性。气象传播活动是构成人们社会活动的一种特有现象，它随着人类生产活动的产生而产生，贯穿于整个人类社会发展的历程。气象传播的参与者是作为社会主体的人，气象传播的内容是与气象相关的社会信息，从而决定了气象传播的社会性。

气象传播要实现一定的社会效益。任何气象传播活动最终是为实现促进社会发展、改善人民生产生活的社会目标。随着社会经济的发展，气象传播活动逐渐渗透到国民经济和人们生活的各个领域。气象传播并不限于气象工作者，很多相关领域的工作者，包括大众都以不同形式自觉或不自觉地参与气象信息不同层级的传播。同时，气象传播活动也需要各方面社会力量的参与和支持，特别是在当前市场经济条件下，具有社会公益性的气象信息服务、气象技术服务和农村气象信息服务等，更加需要来自社会各方面的支持与参与。

由于考虑到气象传播的社会性，《气象灾害防御条例》（2010 年中华人民共和国国务院令第 570 号）规定，企事业单位和个人应该积极配合政府组织的气象灾害防御工作，同时在灾害发生以后，要积极开展自救工作。居民委员会、村民委员会和企事业单位，应当协助政府做好气象灾害防御工作，例如组织做好应急演练、气象灾害防御知识的宣传教育等。其实这一条就是规定了社会参与气象灾害信息传播的义务。

6. 气象传播的时效性

这是对天气预报预测类气象传播的要求，即天气预报预测类气象传播必须与当时的天气变化相适应，传播时间不能滞后于天气变化的时间，否则就成为过时信息和无效信息。天气预报预测类气象传播活动对人们的生产生活具有指导性、服务性等作用。因此，要求气象传播必须在时间上与经济社会生产活动相适应，以便人们及时安排生产生活。

天气预报预测类气象信息，包括天气预报、气候预测。就预报时效而言，有短时天气预报（0 ～ 12 小时）、短期天气预报（12 ～ 72 小时）、中期天气预报（72 ～ 240 小时）、月气候预测、季节气候预测和年度气候预测等。按用户的特点和需要，又可分为各种不同的专业气象预报，如农业气象预报、城市环境气象预报、火险气象等级预报等。灾害性天气警报是指即将发生台风、寒潮、大风、暴雨（雪）、冰雹等对国计民生有严重危害的天气时，对可能危及区域的公众发布的紧急通报。

为保证天气预报预测类气象传播的时效性，《气象法》第二十四条规定“广播、电视播出单位改变气象预报节目播发时间安排的，应当事先征得有关气象台站的同意；对国计民生可能产生重大影响的灾害性天气警报和补充、订正的气象预报，应当及时增播或者插播。”明确规定了气象预报节目的改播、增播和插播。本条规定广播、电视播出单位不得随意更改气象预报节目的播发时间。由于广播、电视播发的气象预报都是定时发布的，而天气往往瞬息万变，特别是中小尺度灾害性天气系统突发性强，影响大，为保证最新的气象预报，特别是灾害性天气警报能及时传递给公众，本条还进一步规定对国计民生可能产生重大影响的灾害性天气警报和补充、订正的气象预报，应当及时增播或者插播。

1.2　气象传播学

1.2.1　气象传播学的内涵

气象传播学是传播学的一个分支，指的是用传播学的理论和方法研究气象信息传递规律的一门学科。它的理论支撑点是传播学的一般理论，它的研究方法是传播学的研究方法，它的研究对象可以概括为涉及气象信息的传递规律。具体来说，气象传播学的研究范围分为三个部分。

（1）气象传播的历史。气象传播，是随着人类社会的出现和发展就开始出现和发展的。特别在我国，古代气象科技起源早，历史从未间断，传播范围广，期待着现代人去总结和研究，如气象传播思想的发展、气象传播实践的发展、气象传播技术手段的发展等等。现代气象传播发展日新月异，需要做深入研究。总之研究气象传播的历史，就是站在气象学科的立场上思考气象传播的发展问题。对这些问题的研究和思考，既是对气象传播学发展的贡献，也是对气象科技发展和气象科技应用的贡献。

（2）气象传播的类型。研究气象传播类型，就是研究气象传播系统及其子系统。一般认为，基本的气象传播类型有气象信息人际传播、气象信息组织传播和气象信息大众传播。此外，还有气象信息小众传播、气象信息公众传播、气象信息国际传播以及气象信息新闻传播、气象信息广告传播等。进行气象传播分类型研究，是为了更加具体、准确、有针对性地研究气象传播问题。

（3）气象传播的过程。气象传播是一个气象信息传递的过程。美国著名政治家、传播学者拉斯韦尔在《传播在社会中的结构与功能》（1948年）中用5个“W”描述了传播这一基本过程。他认为，一个传播过程包括谁（Who）→说什么（Says What）→通过什么渠道（In Which Channel）→对谁（To whom）→取得什么效果（With what effects），成为“5W”模式著名理论。与此相对应，气象传播过程的五个专项研究就是控制分析、内容分析、媒介分析、受众分析和效果分析。

但是，拉斯韦尔的理论还不能全部概括气象传播的全过程。其理论局限在于这个模式忽略了传播的反馈，忽略了传播过程中外部环境的影响，忽略了传播行为的复杂性。气象信息传播在不断地、多环节地进行，很难独立出一个具体和单一的传播行为。比如，气象信息各个传播行为的动机、气象传播反馈、气象传播风险等问题，也应当是气象传播过程中的重要问题，均属于气象传播学的研究范畴。另外，从宏观角度考虑，气象传播过程自始至终处于一个特定的大环境里，社会制度、传播制度、社会文化都会对气象传播过程产生较大的影响。因此，在进行气象传播过程研究时，还应当把制度环境考虑在内。

1.2.2 气象传播学研究的对象

上一节介绍了气象传播学研究的范围，基本上明确了气象传播学研究的对象，具体主要包括以下内容。

（1）气象传播的产生与发展。就是研究气象传播的来龙去脉，研究气象传播发展史，人类从远古时代进化到当今高科技时代，气象传播活动的产生、演化、进步对社会的进程和文明积累是极其重要的组成部分。这是气象传播学研究的重要选项之一。这个问题的研究，多数专家学者比较重视近 30 年气象传播的研究进程，而对古代和近代气象传播的过程研究关注明显不够。其实对气象传播的发生、发展历史研究，涉及的范围非常广泛，特别在中国古代就非常重视气象传播，形成了丰富的传播经验，在传播手段多样化的今天仍然值得借鉴。研究气象传播发展，可以对整个气象传播的各组成要素进行历史研究和文化分析，以进一步开阔人们研究气象传播的历史视野。

（2）气象传播的形态。气象传播形态是不同历史阶段的产物，在同一时代由于传播方式和功能不同其形态也有不同。气象传播学则需要研究不同传播形态的结构、功能及运动机理等，如人际气象传播、组织气象传播、大众气象传播等。

传统媒体时代，气象传播广泛利用广播、电视、报纸、电话（传真）等媒体。气象信息的传播者主要为全国各级气象信息制作机构，主要接受对象和受众为各级政府部门、企事组织和社会公众，主要形态是组织化的大众气象传播，其主要特点是单维向、层级性传播。

新媒体时代，气象传播形态发生了深刻变化。新媒体的媒介特性即信息双向交流互动（交互性），网站、微博、微信、手机 APP 等均是信息交互的渠道。互联网结合手机、平板、笔记本电脑等移动互联终端形成的新型互动媒体，具有信息双向互动、反馈及时、多效性与时效性的特点。现代的网络社交媒体是集人际插播、群体传播、大众传播于一体的新媒体，受众即内容，内容即受众。新媒体正改变着现代气象传播的模式，大大缩短了与受众的沟通距离，扩大了与受众沟通的内容与范围。

在新媒体时代，气象传播又面临许多新问题，其权威性、准确性、可信性、安全性等面临挑战。因此，气象传播学必须加强气象传播形态的研究，为气象信息更好地服务经济社会发展提供理论支持。

（3）气象传播的过程。所有气象传播活动都可以视为一个动态的过程或静态的结构。气象传播活动是一个自组织和他组织结合的系统。因此，气象传播研究，既要研究其自组织特征，又要研究其他组织原理。这里自组织就是指气象传播的主体组织，即由政府及其部门承担气象传播的组织。他组织则是指政府及其部门以外气象传播组织，在新媒体时代，这样的组织越来越多。自组织和他组织传播过程的特点、优势、原理、缺陷和发展趋势，都是气象传播学研究的重要内容。对气象传播过程进行研究，就是探讨气象传播的本质，将气象传播现象作为理论研究的基本对象，正是气象传播学研究的根本目的，也是气象传播学研究的目标。

（4）气象传播的效果。气象信息的使用是气象传播的根本目的，但是气象传播的效果则是由传播对象所确认的。气象信息是一种对经济社会活动具有普遍意义的参考性信息，一方面气象信息本身的适用性和有效性，会直接影响气象传播的效果；另一方面人民群众对气象信息的认识、理解和应用都直接关系到气象传播所产生的效果。气象传播作为社会公益性传播，必然会对促进经济社会发展产生效果，这也是气象传播学需要重点研究的内容。

1.2.3 气象传播学与相关学科的关系

（1）气象传播学与传播学的关系。气象传播学是传播学的一个分支，它和传播学的关系是被包含和包含的关系。一方面，气象传播学所研究的是涉及气象信息传递规律，符合传播学信息传递的一般规律，它是传播学的一个分支，也可说是传播学的一个组成部分；另一方面，气象传播学的研究对象更加具体，对问题的探讨也更具针对性。气象传播学所具有的一些特殊性是一般传播学所不具有的，因此对一般传播学的研究不能代替对气象传播学的探讨。正是基于这种考虑，才有必要开展气象传播学研究，以期对气象传播实践的指导更具针对性。

（2）气象传播学与气象学的关系。一般来讲，大家在习惯上会认为，气象传播学属于社会科学的范畴，气象学属于自然科学的范畴，二者似乎没有必然的学科联系。但是，众所周知，对传播学发展产生重要影响的信息论、控制论、系统论最初都是从自然科学中发展出来的。

其实，气象传播学研究不仅包括社会学、心理学、符号学、文艺学等人文社会科学研究成果，而且也包括数学、物理、化学、气象学、物候学等自然科学研究成果。气象学与气象传播学有着非常密切的联系，在气象传播中，人们对气象学知识的了解非常重要。如，在研究气象传播特点的时候，人们如果了解气象科学知识，不仅有助于气象信息的有效传播，而且更有利于人们对气象信息的有效利用。这个问题后面还要讨论，这里不赘述。

（3）气象传播学与科技传播学的关系。科技传播学是研究科技信息的传递的一门学问。它和气象传播学的区别在于所传递的信息不同：前者传递的是科技信息，而后者传递的是气象信息。确切地说，它们之间是科技讯息与气象讯息的不同。除此之外，无论是信息的物质载体，还是媒介形式，以及传播过程，都没有本质的区别。科技讯息与气象讯息之间是彼此交叉、互相融合的关系。一方面，关乎气象信息的科技讯息属于气象讯息的范畴；另一方面，关于科技涉及的气象讯息也属于科技讯息范畴。可以说，气象传播学的部分研究对象也是科技传播学的重要研究对象。因此，这两个学科可以互为借鉴，但侧重点则各有不同。

（4）气象传播学与气象服务学的关系。气象服务学是研究气象服务理论和技术方法的技术学科，是为发展气象服务业服务的应用学科。具体讲，气象服务学就是研究基本气象科学技术如何有效地延伸、发展和转化为各行各业和社会经济效益的应用技术学科，也就是研究气象服务规律和方法的学科。它既包括相关的自然科学技术学科，又包括经济学、管理学等相关的社会科学和软科学。从总体方面讲，气象传播学是气象服务学分支性学科，是气象服务学需要研究的重点对象。但是，气象传播学有其自身的特殊性和规律，其特殊性和规律又将超出气象服务学一般理论，它既要遵循传播学一般规律，又要突出气象传播的特殊性。因此，在学科建设中就不能以气象服务学代替气象传播学。

1.3 气象传播学研究的目的和意义

1.3.1 气象传播学研究的目的

任何学科研究都有特定目的，气象传播学研究也不例外，气象传播学研究的目的主要体现在以下方面。

（1）适应经济社会发展的需求。对于社会公众来讲，气象信息具有实用性强、接触频率高、应用范围广的特点。公众理解和使用气象信息不仅仅是满足兴趣或增长知识的需要，更是指导人们安排日常生产生活活动，提高经济效益，保障生命财产安全的重要信息参考。因此，气象传播一直受到社会公众的高度关注，获取“及时、准确、权威、实用”的气象信息成为人民群众的普遍期待。

在我国，气象传播发展也经历了从小到大，从简到繁，从面窄到面广，从传统媒介到新媒介的发展历程，气象传播已经进入历史最繁荣的时期。但是，气象传播要达到满足人民群众“无处不在、无时不在”，以及“及时、准确、权威、实用”的要求，仍然有很大差距，尤其在一些偏远地区、经济落后地区、弱势群体中还存在气象传播盲区。因此，需要进一步加强气象传播研究，不断满足人民群众对气象信息服务的需求。

（2）适应气象传播发展实践的需要。当前，我国气象传播尽管取得了长足发展，但对气象传播的研究还比较薄弱，缺乏相应的理论指导。在“万方数据库”以“气象传播”为关键词进行检索，检索结果中以“气象传播”全字段出现的研究论文仅 22 篇；最早使用“气象传播”一词的研究论文出现在 2006 年，而且这些研究也比较碎片化，没有比较系统性的基础理论研究，反映出我国当前对气象传播的系统研究不足，基础研究欠缺。气象传播理论研究滞后，与全国气象信息受众 10 亿以上人次的传播实践规模不相适应。因此，当前有必要系统地总结研究气象传播相关规律，并对气象传播的基础理论进行探索，通过研究尝试构建体系相对完整、内容相对充实的气象传播学基础理论框架，为气象部门制定完善气象传播政策和其他学者从事相关研究提供基础支持。

（3）气象传播者义不容辞的责任。气象信息是全国受众人口最为广泛的信息，全国几乎所有传播媒体或载体均以不同方式参与气象传播，全国还形成了一大批从事气象传播的专兼职队伍。据统计，到 2015 年，全国传播气象信息的电视频道达到 3709 个、广播频道数达到 1764 个、报刊种类达到 1366 种、电话达到 8.75 亿次、气象短信达到 1.26 亿定制用户、气象预警达到 48 亿人次、手机天气 APP 达到 600 余个、气象官方微博达到 1032 个、气象官方微信达到 664 个、地市级以上气象科普基地达到 600 多个、农村气象信息员达 76.7 万余人。到 2017 年，全国传播气象科普的报刊则达到 1435 个、广播频道 1735 个、电视频道 3565 个，128 家气象政府网站以及 1900 多个气象官方新媒体把科普作为主要传播内容。设有气象科普专栏的农村经济信息网覆盖 31 个省份的 270 多个市（区）和 1300 多个县。由此可见，气象传播阵地之广泛，队伍之庞大。

由于气象传播学是传播学里的一个分支，所以许多从事传播学的专家和学者没有涉足对气象传播学研究，许多气象专家和学者也不会投入更多精力对气象传播学进行研究。一些从事气象传播的专兼职人员，过去主要精力在气象服务上，更多关注的是实际效益和传播实践技术，也缺乏系统的传播学知识，因此很少对气象传播学开展比较系统性的研究。现在看来，气象传播学对气象服务业发展具有非常重要的作用，作为从事气象传播研究的专家学者，均有责任和义务为推进该学科建设贡献自己的一分力量，这也是开展气象传播学研究重要目的之一。

1.3.2 气象传播学研究的意义

理论源于实践，理论指导实践。气象传播已经形成了丰富生动的实践，在此基础上通过总结研究，发现气象传播的一般规律，再通过一般规律指导气象传播实践。这就是研究气象传播的主要意义。事实上，气象传播理论的出现，源于人们对气象传播实践经验的总结，它的发展和完善也有赖于对气象传播实践的研究；气象传播理论要更好地指导传播实践，也必须加强应用性、操作性、对策性研究。只有这样，气象传播理论才能在气象传播实践中发挥应有的作用。因此，气象传播学研究的意义，可以从理论和实践两个意义上来思考。具体来讲，开展气象传播学研究主要有以下理论和实践意义。

（1）进一步丰富了传播学的内涵。气象传播学研究的开展有利于推动和促进学科建设。可以说，以前也有一些气象传播相关问题研究，但总体上讲，零散没有形成系统，也没有形成较强的影响力。有了气象传播学这个学科平台，人们就可以对气象传播相关问题进行集中、全面、系统、深入地研究，并从整个学科的高度加以审视，促进气象传播学的学科水平迈上一个新台阶。

对其他相关学科也有借鉴意义。气象传播学与气象服务学、气象经济学、气象技术推广学和气象社会学等学科均有广泛联系。由于气象传播学发展时间尚短，还很不成熟，但相信随着气象传播学研究不断深入，它提供给相关学科的启示和帮助必将越来越多，影响也会越来越大。

（2）有利于加深对气象传播实践的认识。气象传播学研究，首先是一项认识工作，通过开展气象传播学研究，不但能够提高研究者自身对气象传播实践的认识，还能帮助人们加强对气象传播实践的了解。如果说提高认识的归宿是气象传播理论的升华，那么加强对气象传播实践了解的归宿则是实际应用。通过研究气象传播学，总结形成一些规律的认识，有利于帮助大家认识气象传播实践中出现的各种现象，并不断提高气象传播效果。

（3）有利于提高对气象传播实践的解释能力。气象传播学研究不单停留于对气象传播实践的简单了解，它需要对气象传播过程中遇到的实际问题做出解释，并上升到一定理论高度，既概括形成气象传播的一般规律，也分析气象传播中一些特殊情况，更好地帮助人们了解在气象传播方面提出的许多疑难问题，调动大家逻辑思维。透过气象传播现象看本质，从而进一步提高做好气象传播的自觉性，避免盲从性和非理性开展气象传播实践。

（4）有利于改善气象传播实践状况。目前，我国气象传播还存在许多问题，其主要表现有，一是气象传播在一定范围仍存在滞后现象，仍然存在较多盲区盲点，气象信息覆盖不平衡问题比较明显；二是公众难以看到自己想看到的气象信息，气象信息还存在不准确现象，气象信息效用率有待提高；三是气象科学技术普及率不够高，受众率不高，特别在农村气象科技普及率更低。这些问题的存在，一方面影响了气象传播事业的发展，另一方面没有完全达到气象传播效果。开展气象传播学研究，就要去发现那些不利于气象传播广泛覆盖、影响气象传播效用的问题，并在发现的基础上加以分析，提出解决问题的措施，以提高气象传播水平和经济社会效益。

气象传播是广义上的气象信息传递，即气象与气象相关信息的传播。气象传播的产生与发展几乎与人类社会的进步与发展是同步的，它贯穿于整个人类社会发展的全部进程，并且随着人类社会的进步发展而不断发展完善。

2.1 气象传播的起源与发展

根据传播载体产生与发展的历程，可以将气象传播的历史主要划为四个时代，即口语传播时代、文字传播时代、电子传播时代、数媒传播时代。

2.1.1 口语传播时代

人类气象社会活动产生于旧石器时代末、新石器时代初。促进新石器时代到来最根本因素应是农业的产生。农业生产的出现，标志着人类由采猎自然的食物到自己生产食物的历史性转变。由于农业生产活动较采猎活动需要更多的科学知识、更复杂的工具，要认识作物、家畜的生长规律，认识土壤的性质，掌握季节与气候的变化规律，在这个过程中，人们认识气象现象就自然发生和发展起来了。因此，农业的出现推动了气象科学思想的萌发，而气象科学知识的传递与继承，就带来了气象传播现象的出现。

传播是人类对自然界发挥能动作用的基础上，社会生产活动得以开展的一个基本条件。人类社会是伴随着生产劳动而产生的，同样气象传播也是适应人类社会劳动而产生和发展的。因此，气象传播现象与人类的历史一样久远。语言是在人类劳动和社会协作活动中产生起来的，它是作为人们沟通与联系的工具，实际上就是一种语言信息的传播。在最初的农业社会，前人对于农业耕作与气象经验的总结和继承就是通过口耳相传来完成的，使气象经验得以传播与延续。语言传播作为最基本的传播方式贯穿于整个气象传播的历史，即使在当代，利用语言传播气象信息仍然是最常用的形式。

在上古时期，中国古代气象神话与传说都是口头传播遗留下来的古代气象信息，从古代气象神话中可以推测出原始人类思维状态。中国古代遗留下来上古神话为数不多，但这些就是原始人类思维状态的可信证据，而且很多神话都与气象有关。我国古代没有记载气象神话与传说的专著，有关神话与传说只是散见于《山海经》《庄子》《列子》《楚辞》《淮南子》等文献中，如雨师、旱魃、雷神、风伯、鲧治水、烛龙、女娲补天、夸父逐日、羿射九日和伏羲八卦、大禹治水等都是上古时代沿传下来的气象神话与传说，这些气象神话和传说，对后世的影响很大。后世即使进入文字传播时代，但在民间由于识字人口很少，对大多数普通老百姓还是以口语传播为主，不过由于文字的发展，则口语传播气象信息出现了许多新的形式。

人类在原始时代就开始使用语言，现在世界上口头语言还有约 3500 种，语言是人类传递信息的第一载体，是社会交际、交流思想的工具，是人类社会中最方便、最复杂、最通用、最重要的信息载体系统。人类社会发展，虽然相继进入文字传播、电媒传播和数媒传播时代，但口头语言传播一直发挥十分重要的作用，而且口头语言传播形式随着时代发展还在不断发展。

2.1.2　文字传播时代

在口语传播时代，气象传播只能通过人们的口耳相传来实现，而声音语言转瞬即逝，并且也只能依靠人脑的有限记忆力来储存、积累，一些气象技术及种植经验难以得到有效保存，直到文字的出现才使得人们的气象知识传承得以更久的延续。文字发明是人类传播发展史上最伟大的里程碑，它使人类文明进入更高的发展阶段。

文字气象信息传播使异时、异地气象信息传播成了可能，大大提高了气象传播的广度和范围。在文字没有出现的语言传播，是人与人之间的口耳相传、心记脑存，不可能保证气象信息在传播中有丢失或错误。文字的发明及其应用于文献记录，是人类传播史上的一大创举，是人类文明的重要标志，也是人类由“传说时代”进入“信史时代”的重要标志，它从时间的久远和空间的广阔上实现了对语言传播的真正超越。

在口语传播时代，可能就出现了结绳符号和原始图画，文字应是在此基础上发展形成的。现在世界上有500多种文字在使用。文字的发明，为信息的存贮（记载）和远距离传递提供了可能，是人类的一大进步。从文字的载体划分，中国古代气象传播，也经历了甲骨、简牍、锦帛、纸张等载体变化的传播阶段。

（1）甲骨气象档案形成于殷商时期，距今有3000多年，现发现的殷代甲骨文中，已经有风、云、虹、雨、雪、霜、霞、龙卷、雷暴等大量气象现象的记载。如果按照类别划分，殷商甲骨气象记载传播的气象信息可分有风类、云类、雷电类、雨类、固体降水类、光象类、季节类等12类。

（2）简牍是古代书写有文字的竹片或木片。简牍出现以后，也成为重要的气象观测记录与传播载体，存于现世的简牍气象记载很少，1975年在湖北云梦县睡虎地11号秦墓发掘中，出土了一批竹简，其中就有关于气象信息的记载。

（3）锦帛气象档案可能只是简牍记载的补充形式，可能没有形成一个特定时段，现存数量甚少，1974年出土的湖南长沙马王堆3号汉墓帛书有《天文气象杂占》《五星占》。

（4）造纸术发明以后，纸很快成为记载气象记录和传播气象信息的载体。但由于纸质档案保存较难，现存有南宋吕祖谦（公元 1137—1181 年）的《庚子·辛丑日记》，为 1180—1181 年进行的物候观测记载，是迄今发现最早的实测物候记录，其他多为史志传记整理记载保存的气象史料。

伴随着文字的出现，比口语传播的影响更广泛、发挥的作用时间更久远和积累的气象知识更丰富的新传播途径就产生了，这就是书籍。书籍具有跨越时空和代际传播气象信息的功能，我们今天看到的古代气象文献，可以说就是古人向当代人传播的古代气象信息。据传《夏小正》是我国最早的历史文献之一，也是我国最早的农业气象文献。如果从气象传播学来认识，那么《夏小正》也应是我国最早传播气象信息的文献。它集物候、观象授时法和初始历法于一体，相传是夏代使用的历书，它将 1 年分为 12 个月，并载有一年中各月份的物候、天象、气象和农事等内容，同时依次载明了每月的星象、动植物的生息变化和应该从事的农业活动，全文记载气候、物候、天象、农事、生活等共计达 124 项。

在我国最早的诗歌集——《诗经》中就载有大量传播气象信息的内容，如在《诗经·豳风·七月》记有一年各月物候现象和知识，已有天气谚语和气候谚语的记载。如《管子·幼官》中记有三十节气系统，春秋两季各 8 节、两季各 96 天，冬夏两季各 7 节、两季各 84 天，每个节气 12 天。在战国时代的《逸周书·时训解》中，开始把一年分为七十二个五天，每个节气为三个候，每节每候都有相应的物候现象。战国后期，在秦国编纂的《吕氏春秋》中，对各月气候、物候特征进行了全面总结，并对雨云、旱云进行了简单分类，反映了当时人们对基本气候规律的认识达到了较高水平。这些文献形成以后，使气象知识信息传播非常广泛，不仅成为人们安排日常经济生产活动的重要指南，而且为后世进一步积累气象经验知识奠定了基础。

中国古代总结农业生产技术的著作总称为“农书”，这类文献很多，其中许多都记有传播农业气象知识和气象技术的内容。现存最早的为《吕氏春秋》中《上农》《任地》《辩土》《审时》四篇文章。

北魏贾思勰的《齐民要术》是现存最早的一部完整农书，以后重要的有宋代陈敷《农书》、元代司农司官修《农桑辑要》、王祯《农书》、鲁明善《农桑衣食撮要》、明代徐光启《农政全书》及清代官修《授时通考》等。这些农书的编撰者一般都有一定传播农业气象知识的实践，然后形成文字。古代这些农书的刊行，对于农业气象知识和气象技术的传播起到了不可估量的作用。

中国古代专用传播气象知识的文献也很多，特别进入秦汉时期，我国气象预测经验达到相当高的程度，汉代出现了许多介绍天气气候预测的文献，据《汉书·艺文志》记载，汉代已经出现一些专门占候书册，如记有《泰壹杂子云雨》三十四卷，《国章观霓云雨》三十四卷。汉代比较有名的涉及介绍和用于气候预测内容的书籍，如有《易飞候》和《农家谚》等。在中国古代气象传播最广的应当以《相雨书》和《田家五行》两部典籍为标志，至今还在我国民间流传。

气象知识书籍的出现，使得气象信息传递的范围更广，受众更多，影响更加深远。特别是报纸、杂志的出现，更使得气象信息的传递更快速、更及时。明朝报纸《万历邸钞》（1573－1617 年）中即有气象内容。据资料记载，1872 年法国天主教耶稣会在上海建立徐家汇天文台之后，最早于光绪八年（1882 年）在上海报纸上刊有天气信息，后来在上海外滩设立了信号塔，并开始发布台风警报。上海徐家汇观象台开创了中国现代天气信息传播的先河。1914 年北京中央观象台编印《气象月刊》，1915 年中央观象台开始绘制天气图，试作天气预报，次年正式发布预报，每日白天、晚上各一次，用悬挂信号旗的办法公布于众，开启了我国近现代气象传播史上的新篇章。中国的报纸气象信息最早出现在上海《申报》，如 1872 年 7 月 29 日的《申报》报道："接天津来信，知彼处天气恒多阴云下雨，原野所只之水未退，而各处川渎水势方见日涨……现在白天津往京都 1872 年丰润水灾其路甚难行，盖道路半为水所浸，约深二尺余矣。"此后，《申报》不定期刊发气象灾害信息和气象预测信息。

新中国成立以后，在 20 世纪 80 年代以前，我国各级气象部门利用纸质文字传播服务气象信息是最主要的形式，改革开放以后通过报纸、广播、电视传播公众气象服务信息，成为三大传统传播载体。

2.1.3　电子传播时代

如果说文字印刷传播，实现了文字的大量生产和大量复制，那么电子传播就是实现了信息的远距离、大范围的快速传输。电报、电话、无线电的发明，使大量信息以光的速度传递，沟通了整个世界的联系，人类信息活动进入了新纪元。

广播、电话、电报、电影、电视等的相继诞生，使得现代化的传播工具很快进入社会生活生产领域，也进入到气象传播领域。电子媒介的出现使得气象信息的远距离传输成为现实，它为气象传播带来的变化，不仅是空间距离和速度上的飞跃，而且实现了声音和影像气象信息的大量复制和大量传播，以及它们的历史保存，有了电子传播媒介，任何气象信息都可以传递到全国乃至全球任何一个地方。电子传播媒介具有文字传播不可比拟的优点，传播的互动性特征使得气象传播者和使用者能够积极主动地参与到传播中来，增加了传播的互动性；电视的声像并茂使得传播内容生动形象，更加易于理解与接受；电子媒介的画面声音传播不需要较深的文字理解能力，也适于文化水平较低的劳动生产者接受。因此，电子媒介产生之后，气象传播领域快速发展，使气象信息超越地域、文化、种族的限制更快、更广地传播开来。

我国自主制作的气象预报发布始于 1916 年，当时由中央观象台发布北京地区天气预报，每日白天、晚上各一次，白天一次用悬挂信号旗的办法公布于众，晚间一次，报告给各报公馆，成为近现代我国气象预报发布史上的新开端。1930 年元旦起，我国开始通过电台发布天气预报和台风警报，上海、福州、青岛等通过海岸电台为海运和渔民发布台风消息和警报。但在其后至 1949 年 10 月前，由于国家处于战争动荡时期，公众气象预报发布时有中断。

我国真正进入大众气象服务信息电子传播时代，是在新中国成立以后。我国面向公众的气象传播始于 1951 年 6 月，当时的国家气象部门通过广播向公众发布台风警报，并发布了《全国沿海预报台站发布台风警报的暂行办法》。1952 年，上海气象台和华东人民广播电台联合举办台风报告节目，对沿海农业、渔业、盐厂安全生产，防灾减灾产生了积极的影响。这也是新中国气象事业发展起步阶段，开展面向公众气象传播的有益尝试阶段。1953 年 4 月，毛泽东指示，气象部门要把天气常常告诉老百姓。1956 年 6 月 1 日，中央气象台开始通过广播、报纸国家级媒体向公众提供天气预报服务，正式“拉开了气象信息向公众传播的序幕”。1956 年，中央气象局和广播事业局联合下发了《关于各地人民广播电台、有线广播站建立天气预报广播节目的通知》，要求各地广播电台开辟固定天气预报节目，每天向公众广播天气预报信息。从此，可以说我国大众气象服务信息正式进入电子传播时代，直到 1980 年 7 月中央电视台新闻联播开始播发中央气象台的天气预报。

2.1.4 数字传播时代

从 20 世纪 90 年代“信息高速公路”的概念被提出后，二十多年来信息技术革命使整个经济社会发展发生了巨大变化，尤其在知识传播方面。数字技术改变了整个知识生态，具体体现为知识生产、知识传播、知识消费和知识管理规则等方面的重大变革，社会进入到数字传播新时代。

数字传播又叫网络传播，网络传播是指以电脑为主体、以多媒体为辅助的能提供多种网络传播方式来处理包括捕捉、操作、编辑、贮存、交换、放映、打印、互动等多种功能的信息传播活动。由于它是把各种数据和文字、图示、动画、音乐、语言、图像、电影和视频信息组合在电脑上，并以此为互动。所以，数字传播是集合了语言、文字、声像和符号等特点的新的传播途径，是为适应现代社会发展的需求而出现的。

进入数字传播时代，气象传播发生了根本性变化，网站、移动客户端、微博、微信等等，基于互联网的气象传播迅猛发展，已经成为中国公众获取气象信息的最主要渠道之一。2001 年，中央气象台建成问天网

（www.tq121.com.cn），主要发布全国 2000 多个县市的天气预报和生活气象指数。从 21 世纪初开始，新浪网、网易、雅虎中国、中国网等各大门户网站使用气象部门提供的气象信息开始进行网络气象传播。2008 年 7 月，中国天气网（www.weather.com.cn）上线，成为首个公众气象服务门户网站。中国天气网下设 31 个省级站和澳门特区站，以及台风网、英文网两个子网站，开设了国内天气、国际天气、灾害预警、天气新闻、气候变化、气象科普、生活天气、交通天气、环境气象等 20 余个频道、200 多个栏目。自此，我国气象传播可以说已经进入数字传播时代。

以上关于气象传播载体时代划分，主要从一种新载体的大众运用来进行划分，这种划分并不代表旧时代的传播载体退出，而是指新载体在更大范围、更高效率和更好效果地实现了大众化的信息传播，旧的传播载体也在与时俱进，一方面利用新的传播载体发挥着更大作用，另一方面仍然发挥着新载体还不能取代的作用。所以，气象传播载体时代的划分，并不是一个时代相承的关系，而是气象传播载体不断丰富、气象传播功能不断扩充的关系。

2.2　国外气象传播概况

2.2.1　国外气象传播演进

具有现代意义的气象传播产生于西方国家。早在 15 世纪末德国的印刷新闻报中，就记载有天气信息。创办于 1704 年的美国第一份连续发行的报纸《波士顿新闻信》刊有气象短讯、暴风雨消息。1851 年 9 月《纽约时报》创刊时，就在费城、波士顿的地方新闻中记载了当地的天气状况。广播电台出现后，天气信息是播报的内容之一。1914 年，美国国家气象局通过与海军部海军广播台的合作，播报墨西哥湾和大西洋西部的每日风力风向预报和暴风警报。

1920 年 11 月，世界上第一座面向社会的广播电台成立，1921 年美国就有 35 个州的 98 个商业台每日播报天气预报和气象预警。1922 年，英国最早的民营广播公司于 11 月 14 日向公众播出了该台第一条天气报告，从 1923 年 3 月 26 日，该台开始播出每日天气预报。媒体出于吸引受众的需要，不仅强调天气信息的实用性，还要求天气节目有特色、能够展现播报员的个人魅力，如第一位全职的天气解说员 E.B.Rideout 主持的“Chat with the Weatherman”节目便是这样。

1939 年，美国国家气象局在纽约市提供自动电话气象服务，公众可以在录音系统里通过电话按钮选择自己需要的天气信息。1936 年 11 月 11 日，英国广播公司电视一台（BBCONE）开播之后不到 10 天，就以静态的天气图配播音员解说的方式播出了世界上第一条电视天气预报。

电视的普及改变了天气信息传播的面貌，标志着天气信息传播进入了一个全新的时代。20 世纪 50 年代初美国的全部 70 家电视台都有天气信息播报，在晚八点新闻节目之后，娱乐节目之前，时间五分钟左右。在第二次世界大战后西方国家电视传媒发展的黄金时期，天气信息也随着电视的普及走进了千家万户。20 世纪 50 － 70 年代，电视天气信息出现了低俗、搞笑等不同的播报方式，动物、木偶、扮装等都成了天气播报员的外在形象，诗文朗诵、歌曲演唱、聊天对话、动画片，都是天气信息的表达方式。1982 年，第一个专门的天气频道“美国天气频道”（The Weather Channel）开播。

20 世纪 90 年代以来，天气信息的信息量、传播速度、传播范围都出现了井喷式的增长，传播方式出现了革命性的改变。天气信息传播进入了全媒体互动阶段：报纸、广播、电视等传统媒体继续进行天气信息传播的改革，手机、网络等新媒体整合了文字、声音、影像等表达方式，成了天气信息传播的新平台；网络融合、终端融合等技术使得在任何时间地点、通过任意方式接收天气信息成为现实。Alexa 网站的数据显示，有近 20 家独立天气网站访问量在世界排名 1 万名以内，其中希腊、美国、加拿大、澳大利亚、芬兰、法国的天气网站的访问量在该地区位居前 50 位。全球移动电话用户数呈指数增长，目前全球手机用户总数已经超过 50 亿，通过手机移动端开展的气象传播已经成为气象信息快捷传播的主要手段。以手机移动传播为平台开发的各类“微”传播正在改变着信息大众传播的基本思路，小众化、分众化、精准化成为气象传播新的标志。

目前，世界各国气象传播的组织管理方式存在一定差异，公共部门与私营企业在气象传播中的地位和服务分工有明显区分。在大多数发达国家，基本气象信息包括气象灾害预警预报主要由政府气象部门提供，而专业精细化的气象信息一般由商业气象服务机构提供。

国外气象传播，主要有三个来源，一是政府部门（气象部门）向全体公民发布的基本天气信息；二是由专门从事气象信息生产加工的商业气象公司发布的专业气象信息；三是一些气象科技协会、爱好者向外发布的气象信息。此外，国外气象传播普遍经历了由传统媒体如报纸、广播电视向网络新媒体、全媒体方向发展的轨迹。

2.2.2 西方部分国家气象传播概况

（1）美国气象传播

在美国，国家气象机构（NOAA、NWS）只负责公益性的基本气象信息发布，面向公众和行业专业气象信息由商业气象公司，经过专业加工后向媒体销售提供，采取公私合作模式运营。

根据 2014 年孙健等提供的《华风集团赴美考察报告》介绍，美国从事气象信息经营的商业公司有 100 多家，其中，AccuWeather 和 The Weather Company 是最大的两家。美国一般媒体包括报纸、电视、网站都会有气象信息内容，并且，这些媒体都会在气象信息的传播效果上做足文章。重大气象灾害以及由此衍生出的气象灾害对社会经济政治的影响也是媒体气象传播的重点内容，专业性的航空、金融保险相关气象信息会直接影响用户的决策，而一般性的天气信息也会与公众日常生活紧密结合，服务内容深入细致。

近些年来，随着新媒体技术的发展，美国新媒体气象信息业务迅速发展。以 AccuWeather 公司为例，作为国际化公司，到 2013 年，AccuWeather 新媒体气象传播营业收入已达传统业务的两倍，气象传播在网站、手机客户端、数字电视、可穿戴设备等新媒体领域业务迅速拓展，每天数据接口访问达到40多亿次。The Weather Company公司旗下的weather.com是世界排名第一的气象服务网站，The Weather Channel虽然是全美最大的电视气象节目提供商，但十分注重以网络客户端The Weather Channel拓展网络用户，逐步实现了全媒体传播。

由于美国气象传播的商业化特质，对传播效果的片面追求也带来了一系列问题。最突出的就是由于媒体“炒作”对公众和政府决策产生了不利影响。如在1999年飓风弗洛伊德登陆的报道中，美国媒体大肆渲染台风登陆造成的损失，但由于对台风登陆路径的判断误差，导致公众和政府过度防御行为，造成了巨大的财产损失。美国天气频道（TWC）和气象信息公司AccuWeather是气象网站中的领头羊。TWC今天已经发展成为集有线电视、广播、网站、数据库为一体的全媒体集团，其网站www.weather.com成立于1994年，是全球访问量最高的天气网站。AccuWeather公司提供世界上超过200万个地点的天气信息，为100万个站点提供逐小时的气温、湿度、云量、光照强度预报，每三小时的降水概率预报、雷达回波图、卫星云图和水汽云图，为超过17万家媒体、商业公司、政府及其他组织提供有偿服务。在Web2.0技术的支持下，AccuWeather网站提供流媒体视频、桌面工具、用户订阅和驻站气象专家专栏、论坛等更多的服务方式。

（2）加拿大气象传播

根据吴岩峻等（2010）介绍的情况，加拿大气象局只负责制作、发布的各类预报服务产品，以及各类雷达、卫星和常规观测资料对社会全面开放，由社会媒体自主向公众播发。气象部门对外发布预警、预报和各类服务产品的主要渠道是自主维护的气象信息服务网站和气象预警广播电台。气象部门不直接制作电视天气预报节目，但十分重视通过各类媒体准确地传播气象信息，普及气象灾害防御知识，还挑选在媒体面前具有表现能力的预报员进行专门培训，在紧急天气来临时，通过各类媒体向警察、教师以及有关行业解释、宣传强天气可能造成的影响以及应该采取怎样的措施来预防。

加拿大私营公司不能自己制作，但可以转发政府所属气象部门的灾害性天气警报。各类公众媒体和一些私营专业气象服务公司在气象信息的传播和服务中发挥了十分重要的作用，形成了一种政府所属气象部门提供基本预报和数据，各类媒体自主传播、自主开发社会各界所需的预报产品，并按照市场机制对外服务的气象服务体制。

加拿大 Weather Network 公司是加拿大最大的可在加拿大全境开展商业气象服务的公司，先后开展了广播电视（天气频道）和互联网气象信息服务。现在拥有两个电视台和一个网站。该公司与加拿大主要手机运营商合作通过手机短信向公众发布天气预报。公司还开展交通、能源等行业的专业气象服务，根据需要建立了自己的观测设备和观测网络。目前公司的主要收入来源是媒体广告收入。

（3）英国气象传播

英国气象局面向公众的气象信息服务分免费和收费两种。免费服务包括借助大众传媒发布的普通天气预报以及山区、海洋休闲天气预报等。面向公众的收费服务包括公众通过收费的电话、短信了解特殊天气预报，如定点天气预报提供全国 350 个市镇的未来天气预报，度假地天气预报提供全球 200 多个旅游目的地未来 5 天预报，滑雪场天气预报提供欧洲及北美 250 个滑雪场实时雪线雪情预报。英国气象局还推出了与天气预报员直接通话的全天 24 小时服务，公众可问任何与天气有关的问题。

英国气象局商业气象信息服务涉及农业和森林，建筑与民用工程，零售流通和制造，教育单位，煤气、电力、燃料和能源，娱乐和旅游，媒体（电视和电台），沿海工业，出版和流通系统，运输（陆地、海洋、航空和内河）等广泛的领域。

根据孙健等（2011）介绍，英国广播公司（BBC）电视天气预报是由英国气象局伦敦天气中心的预报广播员制作并现场播出（视频设备、计算机由 BBC 提供，大小演播室均在 BBC）。英国气象局向 BBC 电视台派驻专门技术人员每天制作超过 120 次广播节目，每年累计超过 1200 小时电视播出、电台播报气象节目。电视天气预报主要内容包括：1~5 天形势预报（在大演播室进行，有等压线分析图、卫星云图和雷达回波图的动画等）、24 小时天气预报（6~12 小时为一时段）和天气实况等内容。

（4）日本气象传播

日本气象信息服务的运作模式与美国大体相同，日本气象厅（相当于国家气象机构）只负责发布基本气象信息，专业化的气象信息由日本商业公司提供。

根据龚贤创等（2001）介绍，目前日本商业公司有日本气象株式会社和日本天气新闻公司（WNI），其中日本天气新闻公司（WNI）是日本最大的商业气象信息提供商，也是国际化的商业气象信息公司。提供的气象信息服务包括面向行业的风险服务，包括农业、建筑业、防灾业务、户外设施、能源、捕捞、航空、沿海设施、交通、商贮、航行计划等等。面向公众媒体的新闻性气象信息服务，包括在电视、广播等媒体上制作天气预报节目，提供通俗易懂的天气报告；对出版业、报纸、杂志等媒体提供各种技术服务和气象信息；为街头电光告示板、公众显示屏提供气象情报，在因特网站上发布各类天气信息；为电话信息服务公司提供天气情报，以语音和文字等形式为用户服务；为对气象知识感兴趣的个人与团体提供接收气象情报的计算机硬、软件，为学校、博物馆提供气象科普展览等。近年来，WNI 公司除通过自有媒体（气象频道）提供的专业化的滚动播出的气象信息服务，利用手机等移动终端与公众用户形成点对点的气象信息数据收集网络，实现了气象信息收集与预报的互动，在精细化的专业气象服务、生活指数类预报方面取得了突破性进展。

（5）新西兰气象传播

新西兰气象信息发布以商业服务为主。根据辛吉武介绍，新西兰国家气象机构 MetService 和 NIWA 均属于商业服务性质，是新西兰国家气象信息发布的主体。新西兰气象服务主要通过报纸、电视、网络媒体进行。电视天气预报由 MetService 和各电视台共同制作，同时根据用户的不同需要制作了天气预报服务产品，通过电话和传真进行服务。气候资料服务主要通过网络进行，用户可凭信用帐户直接调用。新西兰行业气象服务包括航空、渔业、农业、牧业和林业等气象服务，其中对航空业的气象服务占 MetService 整个行业服务的 50%。MetService 每日还提供 30 个国际航线和国内航线的非定时的天气预报以及湍流和结冰的专项预报。

2.3　我国气象传播发展概况

我国气象传播与国外相比总体上应是一个后发展国家，但经过近 30 年的发展，我国气象传播可以说已经成为世界气象传播大国，也进入世界强国的行业，无论传统媒体，还是新媒体都把气象传播纳入为重要的传播内容，并经过从产生、发展和趋稳几个阶段，各种传播载体均在传播气象信息中发挥着十分重要的作用。

2.3.1　传统媒体气象传播发展

我国气象传播一直随着传统媒体发展而一起进步，特别进入 20 世纪 80 年代，随着传播媒体的快速发展，气象传播事业发展受到了人民群众普遍关心和重视，得到各级党委和政府的大力支持。

（1）广播气象传播服务。新中国成立以后，我国面向公众的气象广播传播始于 1951 年 6 月，当时国家气象部门通过广播只向公众发布台风警报。1956 年 6 月 1 日，中央气象台开始通过国家级广播、报纸媒体向公众提供天气预报服务，正式“拉开了气象信息向公众传播的序幕”。1956 年，中央气象局和广播事业局联合下发了《关于各地人民广播电台、有线广播站建立天气预报广播节目的通知》，要求各地广播电台开辟固定天气预报节目，每天向公众广播天气预报信息。随后，全国各级广播电台和有线电台开始气象预报和服务信息的传播，广播传播气象信息一直得到不断发展。

改革开放以后，我国广播传播气象信息服务一直到得持续发展。到 2002 年，全国广播传播气象信息服务的频道达到 1398 个。统计显示，2002 年至 2017 年，我国传播气象信息的广播总频道数基本趋于稳定，2017 年广播气象服务内容的频道数量为 1756 个，与 2002 年的 1398 个增加358个（见图2.1）。根据2014年统计情况，全国31省（区、市）的185个省级广播电台，每天播出气象部门制作的节目超过900档，建有8个海洋专用气象信息广播电台，主要是公共气象传播。

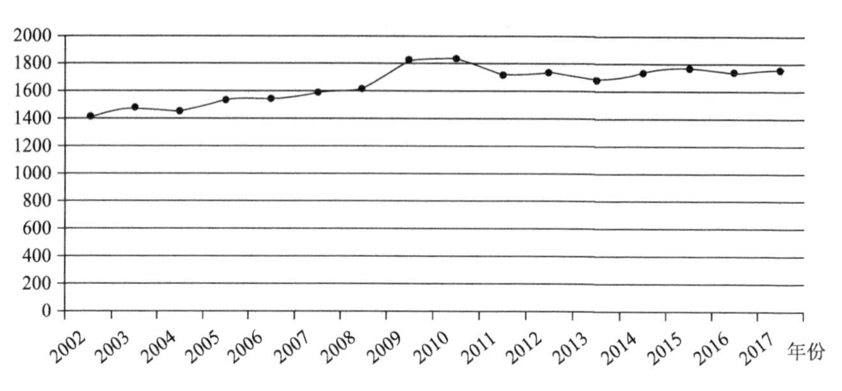

图2.1　2002—2017年提供气象服务的广播频道数量（个）

（数据来源：《气象统计年鉴2002—2017》）

从广播气象服务收听率分析，近些年来由于新媒体的发展，通过广播获取气象信息的人口大量减少。根据2001年在武汉市进行的一次社会调查，被调查的1580人中，当时有46%的人通过广播获取气象预报，而根据2015年对全国气象传播受众调查分析，只有12.7%公众通过电台获取气象预报服务。

（2）电视气象传播服务。我国1980年7月7日，中央电视台新闻联播开始播发中央气象台的天气预报。1983年，广电部和国家气象局发布《关于进一步做好天气预报的联合通知》，要求各级广播电视台适当增加天气预报节目传播，遇到突发、灾害天气经批准可在节目中插播，凸显了国家对气象灾害信息传播的高度重视。1983年开始在中央电视台开辟了城市天气预报节目，在全国新闻节目之后广播全国各大城市天气预报，各地电视台都进行转播。1985年，经与中央电视台共商，最终在气象节目制作、播出时次等问题上达成共识，确立了气象部门电视气象服务的主导地位。从此，我国成为国际上第一个在气象部门制作气象影视节目的国家。1986年10月1日，由国家气象中心独立制作的电视天气预报节目在中央电视台播出，彩色的卫星云图登上中央电视台，城市预报达到30个。1987年开始推出英语电视天气预报。1988年，开始气象与农情节目。

1993年，气象节目主持人走到电视屏幕前，面向公众直播天气预报，这是我国气象影视发展的重要里程碑。随着气象节目主持人走向前台，气象影视制作播出技术迅速发展，我国逐步建立起了国家级、省级甚至地市级专业的气象影视队伍，成为气象信息大众传播的重要力量。1996年1月中国气象局和广电部联合下发了《关于进一步加强电视天气预报工作的通知》，明确了气象影视节目的制作权、广告经营权等，文件的下发有力地推动了全国气象部门气象影视服务的蓬勃发展。1999年10月31日全国人大通过的《中华人民共和国气象法》，进一步明确了气象影视节目由气象部门制作，通过传播气象信息获得的收益，应当提取一部分支持气象事业的发展，标志着气象影视服务进入新阶段。2000年初，建成了完全与中央电视台设备相匹配的准数字化、网络化的电视天气预报制作系统，引进了当时世界上先进的三维动画、虚拟演播系统，开发了字幕和图形图像制作软件，并通过光缆向中央电视台传输节目。到2000年，全国传播气象信息电视频道达到1897个。

进入21世纪，我国电视气象传播服务继续得到新的发展。到2014年底，国家级电视气象服务公共频道有27个，每日首播节目143档。中国气象频道在314个地级以上城市落地，覆盖数字电视用户数9200万。全国有200多个省级频道、300多个地级频道、1700多个县级电视频道，3200余套气象节目，全国每天收看电视气象节目的人数达十几亿人次。到2017年，全国共有3982个电视频道传播天气预报服务。气象部门通过27个国家级广播电视媒体平台制作广播影视节目52939档；中国气象频道制作播出各类节目共计10894档，服务4.4亿人口，数字付费频道排名第一。

根据统计数据显示，2002—2017年，我国传播气象信息的电视频道数量趋势基本稳定。2017年传播气象服务内容的电视频道数量为

3982个，比2002年的2489个增加1493个（见图2.2）。但是，气象预报的电视收视率从2009年起呈逐年下降趋势，如浙江卫视天气节目2009年年平均收视率为3.19%，2012年则降至1.61%，其市场份额也由11.88%降至5.5%，近年来还在持续下降，全国其他省份电视气象服务收视情况也基本如此。根据21世纪初2001年在武汉市进行的一次社会调查结果，被调查的1580人中，当时通过电视获取气象预报的占94%，但根据2016年宁波市社会调查统计，市民受众接收电视气象信息传播的只占33%。县市电视天气节目有的已经交由地方电视台制作，有的交由地市气象影视中心制作，县市气象台基本退出制作。其主要原因是受到新媒体传播发展的影响。

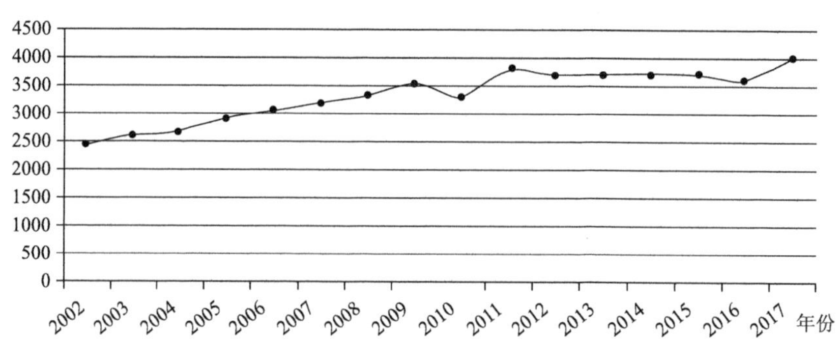

图2.2　2002—2017年提供气象服务的电视频道数量（个）

（数据来源：《气象统计年鉴2002—2017》）

（3）报刊气象传播服务。新中国的报纸气象服务始于1956年，1956年6月1日起天气预报公开广播，同日起，《人民日报》《工人日报》《北京日报》正式对外发布北京地区短期天气预报。此后，全国各地报纸相继刊登天气预报信息。开始阶段，报纸主要刊登短期天气预报，所提供的“天气预报”时间短、信息量少，报纸气象栏目设置和内容定位趋同。20世纪80年代以后，随着人们对气象信息日益关注、对气象服务的需求日趋旺盛，越来越多的报纸根据读者的需求，在气象部门有的省份自办《气象生产生活报》《气象科技周报》等。新中国第一份气象专业报纸——《中国气象报》于1989年4月5日正式出版发行。各省级党政机关报都刊登有简单的天气预报，后来发展到有的开始传播一周的天气预报。一些公开发行的报纸还开辟了天气预报版面，创办了气象专栏或专刊，如2003年4月，《南方都市报》新开辟了“风云榜气象新闻专版”。2003年11月，《新京报》创刊伊始，在封底专辟气象新闻版，用一个版来做气象新闻。根据统计，到2004年全国传播气象的报刊达到1088种。

通过报刊提供公众气象服务是最传统的服务形式，近些年来尽管新媒体气象服务不断发展，但传统的报刊气象服务形式仍然保持基本稳定。统计数据显示，传播气象信息的报刊种类数量，在经历了2004—2009年的持续增长之后，至今基本保持稳定态势。2015年为1366种（类）（图2.3），比最高2013年的1471种（类）减少105种（类），但在新媒体发展导致报刊总量下降的总体形势下，传播气象服务报刊种类数的小幅下降也基本符合总体发展趋势。

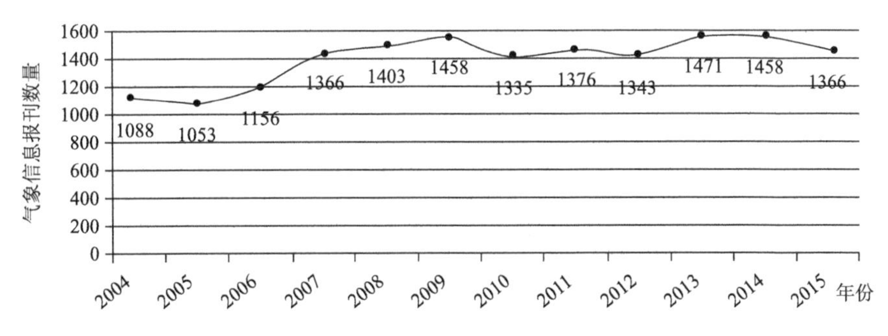

图2.3　2004—2015年我国传播气象信息的报刊种类数量（种）
（数据来源：《气象统计年鉴2004—2015》）

（4）电话气象传播服务。电话气象服务也是比较传统的气象服务方式，20世纪50年代中期开始，我国各级气象台站相继开展了面向社会公众提供天气预报咨询的电话气象服务。80年代初期，一种采用磁带录制、反复播放天气预报的服务方式在电话气象服务中被广泛应用。进入20世纪90年代得到快速发展，到21世纪初电话拨打次数出现持续增长，2008年电话拨打次数全年达到25.3亿次，此后逐年有些下降。目前，全国气象服务电话有121、12121、96121、96221和气象服务热线400-

6000-121。2015 年，电话气象服务呈稳定趋势，全国达到 8.75 亿次（图 2.4），为近 5 年平均略增。一些城市的政府已经把 121 电话气象服务作为公共产品供市民免费拨打，这一举措明显提高了电话气象服务的覆盖面和拨打数量，这也说明电话气象服务作为传统的气象服务方式仍有很大的提升空间和很强的生命力。总体而言，气象服务电话拨打数量近年持续下降，2017 年气象服务电话拨打数量为 5.2 亿次，电话气象传播服务虽呈下降趋势，但仍然有一定的用户数量。

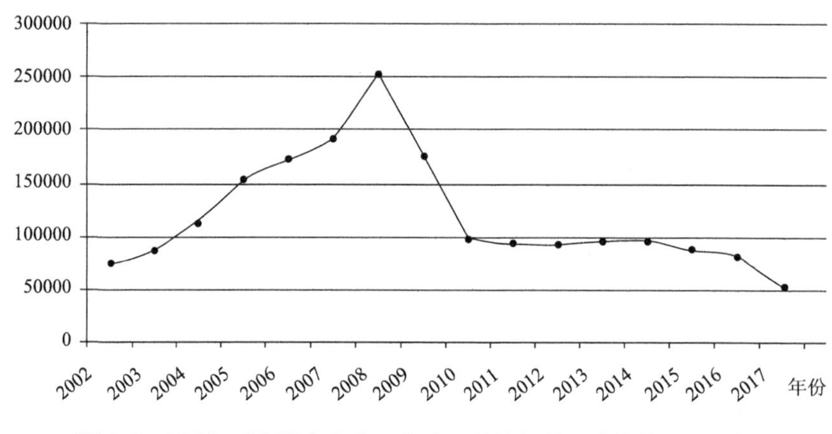

图 2.4　2002—2017 年气象服务电话的拨打数量（单位：万次）

（5）短信气象传播服务。2001 年广东气象部门最早开始建立手机气象短信服务，免费向用户发送天气预报等信息。之后，各省气象部门陆续开展了此项业务。2003—2006 年间手机短信业务高速发展，相继建成了手机气象短信、彩信平台，使得气象信息服务领域得到进一步的拓宽。

全国短信气象传播的定制用户数量在经历 2002—2009 年持续五年的增长后，就逐渐呈下降趋势（见图 2.5），至 2017 年为 11254 万户，但其传播用户基本固定下来，应属于最忠实的气象传播服务对象。

但在定制短信这一服务方式之外，通过手机短信免费发布和传送气象灾害预警信息已成为最重要的气象灾害防御手段并得到了持续发展。目前，全国各级政府各部门气象灾害防御责任人和全国 76.7 万名气象信息员，均通过短信形式接收气象灾害预警信息，而且各级政府都在采取措施加强这一服务方式，这也在一定程度上形成气象灾害预警短信接收数量在近几年的持续增长。据不完全统计，2009 年，全国接收气象灾害预警短信的人员数量为 9 亿人次，2012 年最高时全年共有 67.3 亿人次接收到了气象灾害预警短信（见表 2.1）。从一定意义上讲，在发展定制短信气象服务的同时，加大力气进一步优化和完善气象灾害预警短信发布平台，仍然是未来气象传播发展的重要内容。

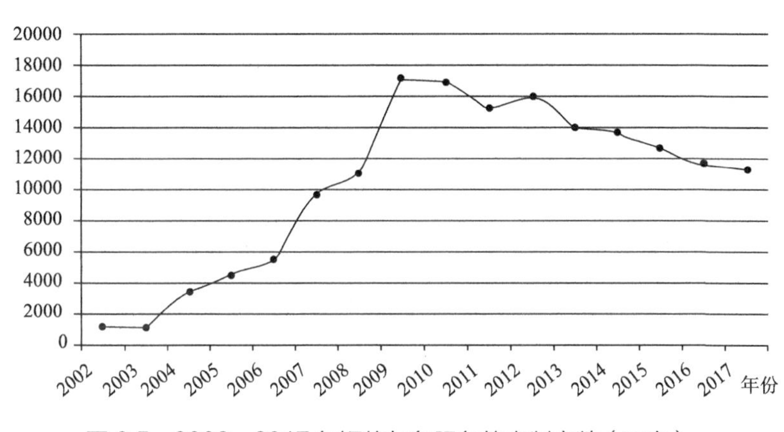

图 2.5　2002—2017 年短信气象服务的定制户数（万户）

表 2.1　传播接收气象灾害预警短信的人员数量

年份	接收气象灾害预警短信人次（亿）
2009	9
2010	33
2011	23
2012	67
2014	48
2015	55
2016	32

（数据来源：中国气象年鉴 2010—2016）

2.3.2　新媒体气象传播发展

新媒体是一个相对的概念，是相对报刊、广播、电视等传统媒体而发展起来的新媒体形态，包括网络媒体、移动媒体、手机媒体、数字电视等。新媒体亦是一个宽泛的概念，利用数字技术、网络技术，通过互联网、宽带局域网、无线通信网、卫星等渠道，以及电脑、手机、数字电视机等终端，向用户提供信息和服务的传播形态。新媒体出现以后，立即就成为气象信息重要传播手段，并迅猛发展。

（1）网络气象传播服务。网络气象传播主要有两类：一类是由气象部门建设的专门气象信息网站，包括中国气象网、中国天气网、中央气象台网、中国兴农网和中国气象视频网以及各省（区、市）气象部门建设的地区性气象服务网站；另一类是综合门户网站，包括新华网、人民网、央视网、新浪网、腾讯网等数大型综合网站，通过与气象部门或气象服务门户网站建立气象信息联动传播机制、开辟天气专栏向社会公众提供服务。

网络气象传播始于20世纪90年代初，伴随互联网技术的进步逐渐发展起来。2001年，中央气象台建成问天网（www.tq121.com.cn），主要发布全国2000多个县市的天气预报和生活气象指数。到2015年，通过百度搜索“天气”“天气预报”等关键字，可得相关结果约1亿个，涉及网站5000多个。在搜索页面排名前50的网站中，综合门户网站和网址导航网站的天气类子网站排名相对比较靠前，专门气象类网站除中国天气网等几家较大的网站排名靠前外，其余的网站大部分都排在25名以后。这50个网站中，专门的气象类网站占到48%（图2.6）。

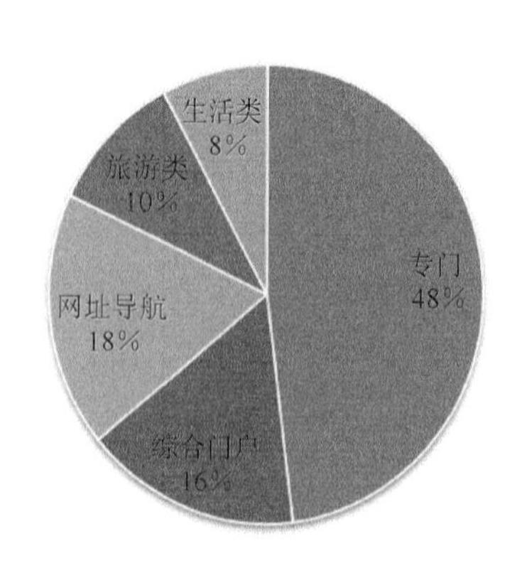

图2.6　搜索页面排名前50的提供气象信息服务的网站类型

新浪、网易、雅虎中国、中国网等大型门户网站21世纪初就开始使用气象部门提供的气象信息进行网络气象服务。2009年后，新华网、腾讯网等门户网站也开始和气象部门合作，共建天气频道。其他一些中小型网站则大量使用气象部门对外提供的天气定制插件传播天气预报信息，截至2014年，已有超过1万家的中小型网站使用天气插件，每日为超过 1 亿用户提供服务。天气插件灵活多变、使用方便、内容丰富，为中小型网站发布气象服务信息提供了便利条件，有利于扩大公众气象信息覆盖面。全国各类气象传播网站达 1300 余个，通过这些网站，社会公众可以便捷地获取天气实况、常规天气预报、灾害性天气预警以及气象科普知识。

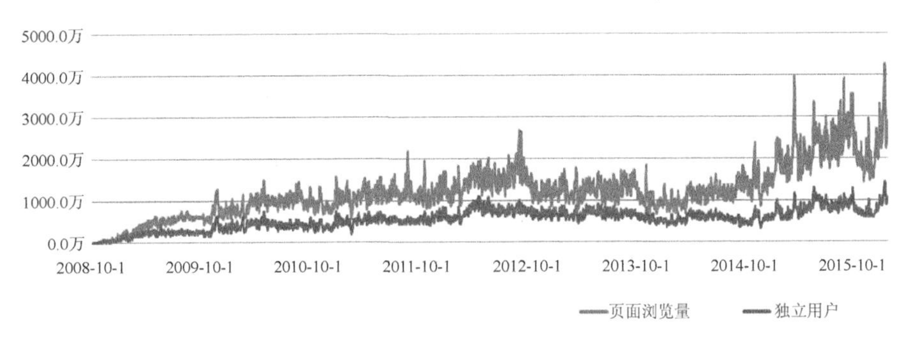

图 2.7　天气网页面浏览量和独立用户数趋势图

2015 年，中国天气网日最高浏览量达到 4261 万页。省级以下气象部门均建有气象服务网站，向社会公众发布传播公众气象信息，中国天气通用户超过 7900 万。近些年来，各地气象部门共开通微博 1200 余个、微信 313 多个，气象微博粉丝超过 3000 万。到 2017 年手机气象短信定制用户 1.1 亿，是 2003 年的 10 倍；2011 年，智能客户端“中国天气通”上线，装机用户达 1.5 亿。

从 21 世纪初开始，新浪网、网易、雅虎中国、中国网等各大门户网站开始使用气象部门提供的气象信息进行网络传播以来，特别是随着智能手机等移动终端的普及和移动互联网的快速发展，针对移动互联网的气象服务手机应用 APP 和 wap 网站大量出现。2011 年以来，由社会媒体乃至个人开发的智能手机气象服务应用与日俱增，各类计算机信息处理与多媒体技术被广泛应用在网络气象传播上。到 2014 年 3 月，主流手机天气类 APP 约 500 个，墨迹、中国天气通、彩云天气等 APP 受到受众的广泛关注。到 2017 年，全国利用手机 APP 传播的用户达到 5 亿人以上。

（2）手机天气类应用传播。手机气象服务是以移动互联网技术为信息传播渠道，以手机为信息终端展示载体，向用户提供的气象信息服务，其服务方式由开始时气象短信，逐步发展到彩信、微博、微信、手机客户端等。在2008年以后，随着移动互联网技术的快速发展，传统短信气象服务发展逐渐放缓，智能手机客户端气象服务快速成为主流。

近些年来，手机天气类应用及其用户数量持续增长。综合360手机助手、豌豆荚、安卓市场、91助手等几大主流手机助手的初步统计结果显示，到2015年10月，手机天气APP达到了600余个；排名前5位的手机天气APP的综合下载量持续增加（图2.8），其中，墨迹天气下载量增加了60%，360天气下载量增加了近150%[①]。中国气象局发布的手机天气类应用——中国天气通的用户数量也持续增长，2015年达到了7900多万，是2013年用户数量的约2.3倍。

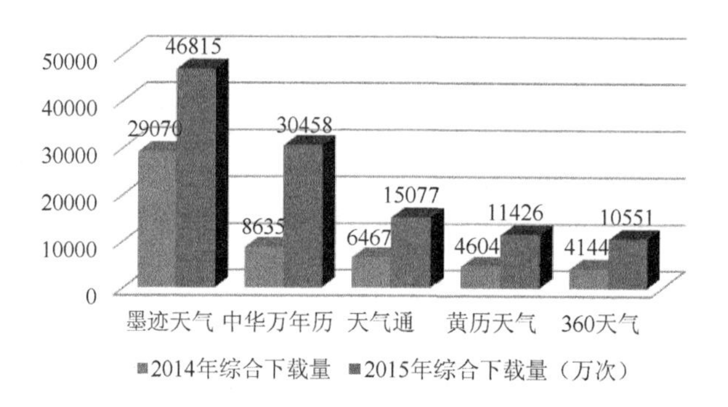

图2.8 2014—2015年主要手机天气APP综合下载量对比

说明：数据截止到2015年10月，数据来源于360手机助手、豌豆荚、91助手、PP助手

用户对手机天气类应用的使用次数持续增多。根据艾瑞咨询的研究报告[②]，2015年1月至7月，在便捷生活类应用中，天气类应用的月度总使用次数在2月份跃居首位，并呈现逐月增长趋势（图2.10），从2015年1月的24.3亿次增长为7月的33.9亿次，成为用户使用次数最

① 中国气象局发展研究中心，2005. 中国气象发展报告2015［M］北京. 气象出版社

② 艾瑞咨询，中国天气类应用用户需求诊断报告（2016）

多的便捷生活类应用。

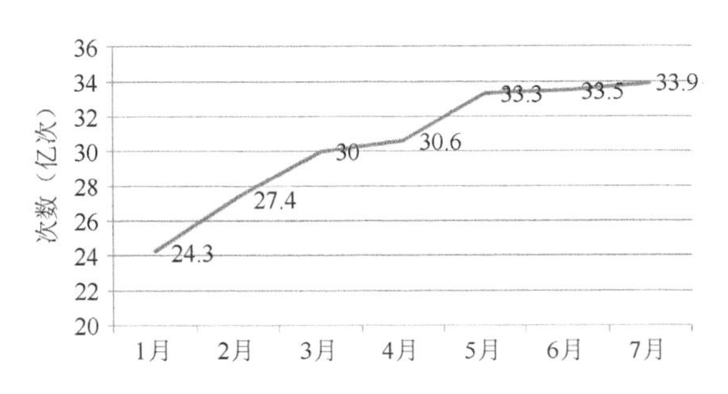

图 2.9　2015 年 1—7 月天气类应用月度总使用次数

手机天气类应用有巨大的海外发展空间。艾瑞咨询的调研数据显示，49.6% 的天气类应用用户在过去 12 个月中有过出国出差或旅行经历，近 70% 用户在未来一年内有出国旅行的计划，有 98.1% 的用户都选择在出国旅行时使用天气类应用，用户对天气类应用的依赖性高。这组数据在一定程度上说明，气象信息服务几乎成为海外出差及旅游用户的必需品，天气类应用的海外发展空间巨大。

目前，已经有移动互联网企业开始探索需求巨大的海外天气服务市场。如琥珀天气，其作为一家迅速成长起来的创业公司，从 2015 年创业至今，荣获了 Google 的顶级开发者认证等一系列奖项，琥珀天气 APP 支持 30 多种语言对全球 100 多个国家和地区提供天气服务，积累了近 4000 万的用户量，在超过 50 个国家和地区已经成了天气应用的首选品牌之一。

2017 年，我国天气类 APP 用户规模持续稳步增长。据比达咨询（BDR）数据中心监测数据显示，虽然 2017 年的用户增长速度较 2016 年同期有所下降，但仍保持正向增长（图 2.10）。截至 2017 年第三季度，天气类 APP 用户规模同比增长 2.1%，达 5.0 亿用户。用户增速有所下降的主要原因是其他领域互联网平台的同质化，随着竞争加剧，各平台推出的产品特色已不明显，功能相似，当更多的平台加入天气预报功能后，让专职做天气预报的 APP 变得有些“鸡肋”，从而影响了用户的增长。

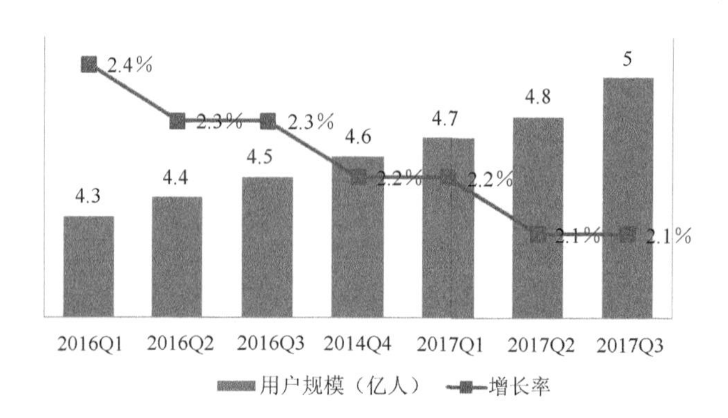

图 2.10　2016Q1—2017Q3 中国天气类 APP 用户规模及环比增长率

（数据来源：比达咨询）

天气类应用的市场格局基本稳定。Analysys 易观发布的针对 61 个天气类应用的监测报告显示，2017 年，中国天气应用厂商呈现出品牌格局集中的趋势，排名前五名的墨迹天气、天气通、最美天气、中国天气通和 2345 天气王占据 92% 的市场份额（图 2.11）。2017 年中国天气应用前五名的人均使用情况如下：墨迹天气在人均单日启动次数和使用时长处于领先地位，特别是在人均单日使用时长方面，单日使用时长为 4.05 分钟，体现出更强的用户黏性。最美天气以 3.24 分钟位列第二名，2345 天气王以 2.95 分钟位列第三名。目前天气类应用厂商在提升用户使用时长方面可谓“绞尽脑汁”，除了提升产品准确度外，还接入更多端口，如美图、新闻资讯、社交和电商等，通过多方手段留住用户，延迟用户使用时长，提升用户黏性。

（3）气象传播媒体融合不断深化。新媒体和传统媒体在传播气象信息服务中均呈现新的发展，传播气象信息的新老媒体融合不断深化。到 2015 年，气象部门已建立起包括中国气象科普网、数字气象科技馆、校园气象网、中国防雷网、中国台风网等在内的多个气象科普专门网站。并通过气象报刊、影视、网络以及充分利用社会媒体开设气象专版、专题报道等方式，进一步扩大气象科普的覆盖面。2015 年，气象官方微博和官方微信发展迅速，分别达到 1013 个和 642 个（见图 2.12）；官方微视和手机

客户端自 2014 年以来也实现零的突破，数量分别达到 9 个和 52 个。

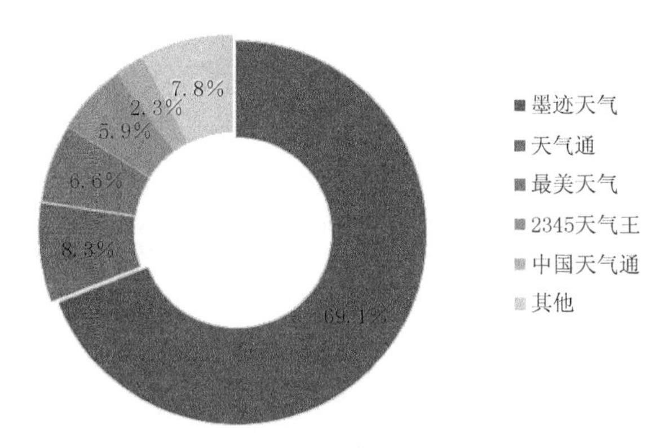

图 2.11　2017 年中国天气应用市场活跃用户占比情况

（数据来源：易观千帆 www.analysys.cn。说明：易观千帆只对独立 APP 中的用户数据进行监测统计。）

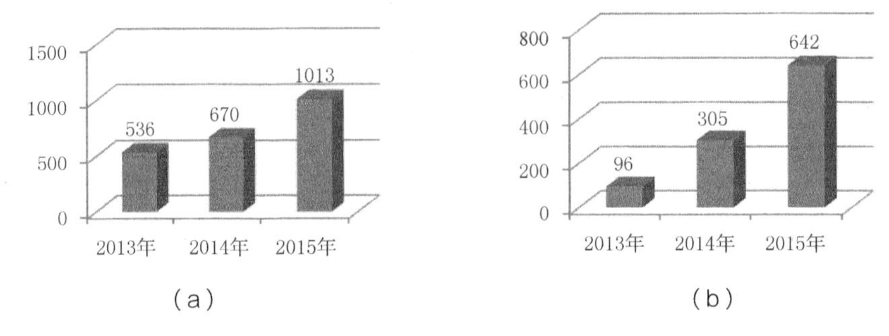

图 2.12　2013—2015 年气象官方微博（a）和官方微信数量（b）

2017 年，气象部门微博 / 微信数量达到 77952 个。根据人民网舆情数据中心发布的气象系统双微排行榜显示，2017 年，排名前 9 位的分别为深圳天气，中国天气，中国气象局，气象北京，中国气象科普网、广州天气、江淮气象、江苏气象和龙江气象。

2.3.3　科普传播气象信息发展

气象科普是气象服务的重要组成部分，也是气象传播重要的表达形式，是利用场景传播气象信息重要载体。一直以来，气象科普就是中小学地理教科书的重要内容。近些年，气象科普形式和内容都发生了很大变化，中小学校园气象、气象科普馆、气象主题公园等新型科普形式逐渐兴起，我国气象科普进入了全面发展的新阶段，社会影响力不断提升。

气象科普基础设施不断完善。到 2015 年，全国建成包括中国气象科技展厅、中国北极阁气象博物馆、浙江岱山台风博物馆等在内的 50 余个气象科普场馆，215 个国家级气象科普教育基地（见图 2.13），144 个省级气象科普教育基地和 245 个地市级气象科普教育基地等，并常年接待公众参观。2015 年各地气象科普教育基地数量（见图 2.14），这些基地累计接待公众 850 余万人次，年均有 2000 多个气象台站、200 余个气象科普场馆向社会公众免费开放。中国气象局与世界气象组织联合建设的世界气象馆首次以气象主题独立参展世博会，吸引 80 多万人参观，获得了国际展览局颁发的上海世博会评委会特别奖。与此同时，气象部门结合“世界气象日”“防灾减灾日”“全国科技周”“全国科普日”等重要时间节点，深入开展了一系列主题气象科普咨询和宣讲活动，深受广大群众欢迎。

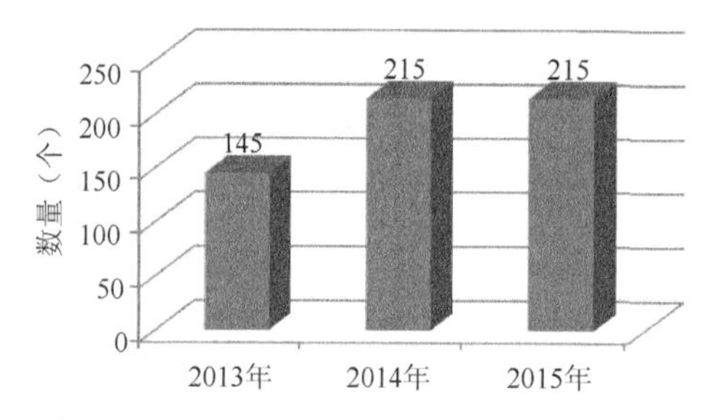

图 2. 13　2013—2015 年气象科普教育基地数量

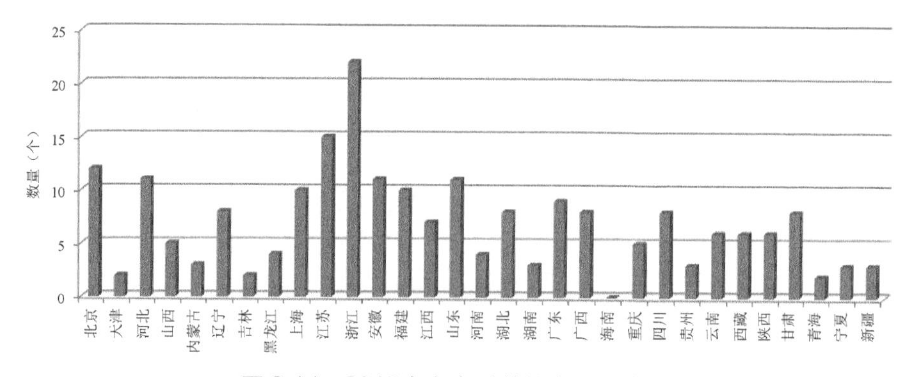

图 2.14　2015 年气象科普教育基地数量

气象科普创作进一步丰富。到 2015 年，可统计的出版发行气象科普读物达到近 500 万册，科普影视作品 5000 多部（集），气象科普文章近 9 万篇，各类科普展板、挂图等达到 140 多万块（张）。全国累计举办气象科普展览 600 余场次，各类报告会、座谈会 500 多场次，接待参观群众 200 余万人次，发放播出科普宣传材料 300 余万份。

气象科普逐步实现业务化。全国中小学气象科技活动交流平台基本形成，并利用网络技术、流媒体动画等先进技术，开发数字化气象宣传科普业务平台，推动气象科普的业务化，提升气象科普的社会效益。根据抽样统计，2014 年全国气象知识普及率为 66%，2015 年达到 71.6%（见图 2.15）（相关数据来自现代化评估 2014 和 2015 年的原始数据），2017 年达到 76.4%。

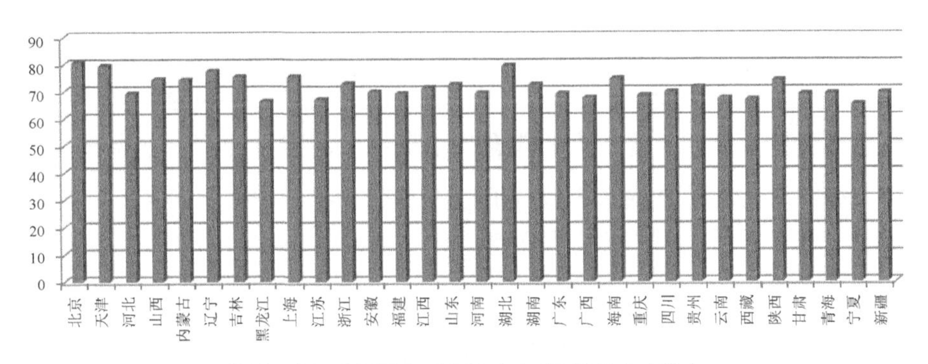

图 2.15 2015 年我国气象知识普及率（%）

第③章 气象传播内容

气象传播的内容，广义上是指气象传播过程中涉及的所有气象信息及其相关信息。气象传播的渊源比较早，在2000多年前的《尚书》《诗经》中就有关于气象信息的记载，在我国气象信息的传承传播源远流长，传播范围甚广。气象传播内容包含的信息量大，涉及面广，要做到有效的气象传播，必须掌握气象传播的内容和特点，这应是所有参与气象信息的传播者必须把握的要点和关键。

3.1 气象传播内容的分类

科学分类是认识事物的基本方法，不同类别的气象信息内容具有不同需求对象，要达到最佳的气象传播效果，必须对海量气象信息进行科学分类，以实现有针对性的气象传播，以方便于气象信息接收者的有效使用。下面将从不同视角对气象传播的内容进行分类。

3.1.1 气象部门的习惯分类

气象部门从总体上讲是一个生产信息的部门，长期以来对气象信息的采集、生产、应用和传播已经形成了一种部门习惯的分类，主要包括以下类别。

（1）气象业务信息。气象业务主要由公共气象服务业务、气象预报预测业务、综合气象观测业务和气象信息网络与资料业务四个部分构成，由此相应地构成了四类气象业务信息，即气象服务业务信息、气象预报预测业务信息、综合气象观测业务信息、气象信息网络与资料业务信息。气象业务信息是气象传播的基础和主体，也是全部气象工作的核心和重点，气象业务信息在没有转化为气象服务信息之前，其传播范围主要限于气象部门或气象行业内部，但这类传播不属于本研究的重点。

（2）气象服务信息。主要是指面向经济社会发展和人民群众生产生活而提供的气象信息，包括决策气象服务信息、公众气象服务信息、专业气象服务信息和专项气象服务信息。气象服务信息是气象工作的核心产品，是气象传播的核心和重点信息，也是气象传播需要研究的重点内容。

(3)气象科技信息。社会上习惯于把科学和技术连在一起，统称为“科技”，实际二者既有联系又有区别。科学解决理论问题，发现自然界中确凿的事实与现象之间的关系，并建立理论把事实与现象联系起来；技术解决实际问题，是把科学的成果应用到实际问题中去。科学主要是和未知的领域打交道，技术则是在相对成熟的领域内工作。气象科技信息，在气象部门一般是指气象科技进展信息、气象科技成果信息、各类气象技术信息和气象科技人才信息。气象科技信息传播既有全球性，又有行业性的特点。当气象科技信息转化为气象新闻信息和气象科普信息后，则具有向社会大众传播的特点。

（4）气象政策与法规信息。与气象相关的政策、法规及其执行中的动态反馈，是气象信息中的一项重要内容，在气象事业发展中占有重要的位置。气象政策与法规主要涉及防御气象灾害、开发利用气候资源、应对气候变化、开展气象服务、发展气象经济和气象科技文化等方面。近年来，气象部门对气象政策法规工作的重要性认识不断提高，气象工作的实践证明，离开气象政策法规发展气象事业将会造成被动的局面。

3.1.2 社会通常性分类

广义的信息传播是一个社会性行为，根据社会传播的分类原则，结合气象信息的特点，可以分为以下类别。

（1）气象新闻信息。气象新闻信息一般是指由报纸、广播电台、电视台、网络等传播载体对新近发生的天气、气候情况的报道，也是社会、大众所关心的。我国地域范围广，南北差异大，气候型多，四季变化明显，经常发生人们普遍关心的天气、气候事件，包括由气象原因引起的经济社会事件。因此，气象新闻几乎天天都会发生。

（2）气象情报信息。气象情报一般是指新近发生或正在发生的实际天气情况，也指向公众和用户提供实测性的气象信息。所谓实测性的气象信息，不仅包括直接用大气探测仪器测得的大气状态信息，还包括在实测信息基础上经诊断分析推断得到的加工信息，但不包括预测性信息。这类气象情报采集范围广，信息量大，它需要经过一定方式的选择，才适合向社会大众传播。由于用户的需求有时会超出常规观测站的实测气象要素，这时就需要在实测气象资料基础上再加工；有些时候，用户需要过去时刻非常规观测的气象要素信息，为满足用户这种需求，需要在实测资料的基础上，运用气象要素空间分布的规律，建立相应的诊断方程去推断用户所需要的情报信息。

（3）气象预报信息。气象预报是指根据大气变化的规律，结合当前及近期的天气气候形势，对某地未来一定时期内的天气状况进行预测。气象预报信息是一种预测性的信息，信息形成的技术难度很大，现代以数值预报为基础的基本气象预报技术已经取得了很大发展，为制作气象预报信息奠定了坚实的科技基础。目前，气象预报信息通常就时效的长短划分为四种：短临天气预报（12小时以内）、短期天气预报（1～3天）、中期天气预报（4～9天），长期天气预报（10～15天以上）。目前，中央电视台每天播放的主要是短期天气预报。

（4）气象科普信息。气象科普又称大众气象科学或者普及气象科学，是指利用各种传媒以浅显、公众易于理解、接受和参与的方式，向普通大众介绍气象科学技术知识、推广气象科学技术的应用、传播气象科学思想、弘扬科学精神的活动。气象科普信息是气象科学服务经济社会发展的重要内容，传统媒体和新媒体都是传播气象科普信息重要载体。

（5）气象政务信息。政务信息是信息的一个重要门类，是政务活动中反映政务工作及其相关事物的情报、情况、资料、数据、图表、文字材料和音像材料等的总称。气象政务信息是指由各级气象管理机关合法产生、采集和整合，并与经济、社会管理和公共服务相关，由特定载体所发布的信息，包括气象政务活动所形成气象新闻信息。

（6）气象文化信息。气象文化是人们长期创造形成的产物，同时又是一种历史现象，是社会历史的积淀物。气象文化是凝结在物质之中又游离于物质之外的，能够被传承的国家或民族的气象历史、气象地理、气象风土人情、气象习俗、气象行为、气象价值观念等。我国气象历史源远流长，气象文化底蕴丰厚，形成了丰富的气象文化信息，可以说在中国历史所有文化遗存中大都有气象文化的影子。近些年来，随着中国文化自信的不断增强，传播气象文化成为历史赋予的重任。

3.1.3　气象服务信息分类

气象服务信息是气象传播的核心内容，更是气象传播的重点，最为社会公众和社会各界重视和关注，对其进一步细化分类（表3.1），会更有利于在实践中把握气象服务信息的传播规律。

（1）灾害性天气实况监测类信息。根据观测对象不同，气象灾害实况监测类信息主要包括天气要素相关的实况观测信息、灾害性天气实况监测信息和灾害性天气引发的次生灾害监测信息等三类。

——天气要素相关的实况监测信息主要包括对温度、风速风向、湿度、大气压强及雾霾等天气要素实况监测信息、卫星云图监测产品、雷达监测产品、雷电监测及酸雨监测信息等。

——灾害性天气实况监测信息主要是针对暴雨、雷暴、冰雹、大风、大雪等灾害性天气的发生地域及强度相关的跟踪监测信息。

——灾害性天气引发的次生灾害监测信息主要包括由灾害性天气引发的泥石流、山体滑坡、洪涝和积涝、森林草原火险、电线积冰、道路覆冰等次生灾害监测信息。随着人民科学素质的提高以及传播技术的发展，大众对气象灾害实况监测类信息关注度逐步提高，雷达图、卫星云图等监测信息越来越为公众所重视。实况信息已经成为公众了解身边气象的重要部分，公众可以随时通过手机 APP、电子显示屏等获取。

（2）气象灾害预警类信息，主要包括气象灾害预警信息和气象灾害影响预警信息两大类。气象灾害预警信息主要针对台风、暴雨、暴雪、大风寒潮等灾害发布的预警信息；而气象灾害影响预警信息主要是针对气象要素对市政、公路、铁路、水运、海洋、农业牧业渔业等不同领域灾害性影响进行预警的信息。随着社会经济的发展，灾害对社会经济人民生活的影响越来越大，预警类信息内容不仅涉及灾害性天气事件的概况和要素预报，而且逐步转向对详细介绍灾害影响的预警预报内容，具有更强的参考性和实用性。

（3）一般天气 / 气候预报类信息。由于气象与公众日常生活、生产决策密切相关，预报类信息一直是公众关注的重点信息。根据预报时效，天气 / 气候预报类信息主要分为临近预报信息（0 ～ 2 小时）、短时预报信息（0 ～ 12 小时）、短期预报信息（1 ～ 3 天）、中期预报信息（4 ～ 9 天）、长期（10 天以上）天气预报及月、季、年及年代际气候预测。预报类信息的传播表现形式也在逐步发生变化。以电视为例，新的 3D 动画影像技术已经被充分应用到预报类信息的传播中。电视观众不仅可以了解预报类信息，基于 3D 动画还可以直观地看到台风移动的预报、云带雨带的移动等信息，以更全面地了解天气发展情况。同时，新技术也对预报信息在时空精度上提出了更高的要求。

（4）气象指数类信息。生活气象服务信息是气象部门根据公众普遍关心的生产生活问题和各行各业工作性质对气象的不同需求，引进数学统计方法，对压温湿风等多种气象要素进行计算而得出的量化参考性服务信息，主要包括空气质量预报以及生活、健康、旅游、交通等各类气象指数产品，如中暑指数、路况指数、旅游指数、舒适度指数、防晒指数等。这些信息是天气预报与公众生活的进一步融合深化的产物，具有很强的实用性和指导性。随着公众日常生活对气象因素的关注程度逐渐提高，生活气象服务信息越来越得到公众的重视，其表现形式也日益多元多样。尤其在手机 APP 中，图形、图表等形式都被利用在表达这类信息中。

（5）气候评价类信息。气候公告、评价类信息主要是气象部门对气候的评价类信息，包括气候公告类信息和气候评价类信息。气候公告类信息主要是对不同时间段气候概况和主要天气气候事件及影响的总结类信息，分为：年度气候公报、重要气候公报、气候系统监测公报、生态气象公报，以及各类气象灾害年鉴等，既有全国的，也有区域的。气候评价类信息主要侧重于天气气候事件影响评价的信息，根据时间段不同可以分为：月（季、年）气候评价。

（6）气象衍生类信息。这类信息比较多，主要由天气气候变化因引自然变化和经济社会情况变化，如瘟疫预测、疾病预测、水华预测、地质灾害预测、期货预测、粮食安全预测等。

表 3.1　气象信息内容分类

种类	内容
气象实况监测类信息	（1）天气要素相关的实况观测信息 温度、湿度、风速风向、大气压强、光、天气现象等要素实况观测信息、卫星云图监测产品、雷达监测产品、雷电监测及酸雨监测信息等
	（2）灾害性天气实况监测信息 对暴雨、雷暴、冰雹、大风、大雪等灾害性天气的发生地域及强度相关的跟踪监测信息
	（3）灾害性天气引发的次生灾害监测信息 灾害性天气引发的次生灾害监测信息（如泥石流、山体滑坡、洪涝和积涝、森林草原火险、电线积冰、道路覆冰等）
天气 / 气候预报类信息	临近预报信息（0 ~ 2 小时） 短时预报信息（0 ~ 12 小时） 短期预报信息（1 ~ 3 天） 中期预报信息（4 ~ 9 天） 长期（10 天以上）天气预报 及月、季、年及年代际气候预测

续表

种类	内容
气象灾害预警类信息	（1）气象灾害预警信息 台风、暴雨、暴雪、寒潮、大风、高温、干旱、雷电、冰雹、霜冻、大雾、霾、道路结冰等气象灾害预报警报和预警信号
	（2）气象灾害影响预警信息 公路、铁路、水运、航空、海洋、旅游、卫生、通信等领域的气象预警产品
气候公告、评价类信息	（1）气候公告类信息 年度气候公报、重要气候公报 气候系统监测公报 气象灾害年鉴
	（2）气候评价类信息 月（季、年）气候评价
生活气象服务信息	包括空气质量预报以及生活、健康、旅游、交通等各类气象指数产品
气象资讯科普类服务信息	围绕当前天气过程重点、社会热点以及气象灾害防御需求，制作发布气象相关新闻等，分析天气对公众生活、出行等方面的影响，提出防御对策和建议，供公众选择和参考
专题类服务信息	遇到突发重大事件和高影响天气事件时，围绕一个主题制作气象科普专题节目、网站专题、事件影响报道等。
气象衍生类服务信息	瘟疫预测、疾病预测、水华预测、地质灾害预测、期货预测、粮食安全预测等
其他气象信息	气象管理类信息、气象科技类信息、社会反映类气象信息等

3.2 气象传播内容的特点

由于气象传播内容本身存在的内在差别，又因不同的传播媒介和不同的时空差异，因此气象信息在传播中呈现不同特点，尤其是气象预报预警信息、气象新闻信息和气象科普信息的特点更为明显。

3.2.1 气象预报预警信息传播的特点

气象预报预警信息是气象传播的重点，是社会的共同关切，在传播中呈以下特点。

（1）传播的广泛性。气象预报预警信息使用非常广泛，涉及所有人群。可以说人们在一定的气象条件下，从事各种生产生活活动都与气象环境、气象条件有一定关联，凡是具有参与社会生产生活和具有知行能力的人都会感受与气象之间的联系。因此，在各种信息传播中，气象预报预警信息覆盖面最广，是在所有科学技术成果中普及使用率最高的信息。国家之所以要建立气象预报预警信息统一发布制度，就是从法律上保障社会公众获得可靠的气象预报预警信息服务。

（2）传播的时效性。时效性是指信息从发布到传播媒介到受众接收、利用的时间间隔及其效率。随着现代传播技术的迅速发展，人们对气象预报预警信息时效性的要求越来越高。气象预报预警适用时效长则几周，短则数小时，甚至几十分钟，其使用价值只是在预报预警时段内有效，否则就不存在现实的使用价值。因此，气象法规定所有媒体必须适时传播气象信息，这同样是为尊重气象预报预警科学的特点和满足人民群众生产生活需要而确定的。传播预报预警信息是气象部门和政府所有传播媒体应当承担的社会责任。

（3）传播的地域性。由于经纬度、海陆位置、海拔高度、地质条件和地形地貌等因素的影响，不同的地区存在天气和气候系统的差异，气象预报预警有区域和地域范围的区别。气象预报预警发布的地域范围法定，是气象预报预警统一发布制度的内容之一，相应的气象预报预警信息的传播也是有一定地域性。因为地球上每一天都在发生各种各样的天气事件，不同的地区发生着不同的天气事件。因此，《气象法》规定，发布天气预报应当标明发布信息的气象台站，并规定当地台站应当按职责发布气象预报。

（4）传播内容的科学性。传播气象预报预警信息必须具有科学性、客观性、真实性。气象预报预警信息在传播中，按照事物运动的状态和方式作真正客观、准确地描述和反映，而不能仅凭人们的主观猜测和推断作夸大、缩小和虚假的信息传播。因为气象预报预警结论的不完全确定性，是气象预报最重要的特征之一。依据当代科学技术的发展水平，人类对自然规律的认识是有限的，气象预报预警还不可能做到百分之百的准确。气象预报预警信息具有不完全确定性的特点，它在多数情况下是比较准确的，但有时也不够准确。气象预报预警信息这样一种特殊而又凝聚了大量科学技术内涵的服务产品，在向社会公众提供时应当防止伪科学的渗透和参与。因此，根据气象预报预警信息这一特征，在法律上规定实行国家统一发布制度是非常必要的。

（5）传播延续的无限性。世界上存在着各种各样的系统，所有系统都分别表现出有限性和无限性。天气系统是按照其自身规律时时都在发生运动和变化的大气现象，相伴随的气象现象也在发生连续性变化。气象工作者就是跟踪这些不断发生变化，并不断进行科学发现，不断更新气象预报预警内容的一个连续不断的过程，其延续具有无限性。预报人员要随时根据天气情况制作和发布补充及订正预报预警信息，相应气象传播也应及时跟进。因此，《气象法》规定，预报人员和所有媒体都要及时发布传播补充和订正预报信息，这是尊重气象科学规律在法律条规中的反映。

3.2.2 气象新闻传播的特点

以瞬息万变的天气气候现象为内容主体，气象新闻作为广义的服务型新闻或者延伸新闻品种，具有气象预报服务产品的特征和功能，又时常放大或削弱常规新闻的某些特性。

（1）气象新闻资讯概述。所谓气象资讯就是具有鲜明时效性和地域性的天气气候现象的内容，通过对它进行获取、理解、转化、利用，公众可以快速地为自己带来生活上的便利、精神上的满足，抑或是经济上的收益。

气象新闻、气象情报、气象报告、气象相关文献等都可以被视为广义的气象资讯，但本文的重点研究对象定位于通过大众传媒传播的聚焦天气气候现象的新闻报道，也就是气象新闻资讯。

气象新闻资讯，属于服务性信息，对于受众而言，实用性强、可操作性强。通过分析研究气象新闻资讯，可以更精准地设计和改进其承载内容，进而引导受众更加善于乐于利用气象新闻资讯，甚至激发新的“消费”需求，促进资讯生产提供方与消费使用方两者供需结构的优化，达到共同受益的目标。

（2）气象新闻资讯的内容。气象新闻资讯的内容通常包括以下几个方面：天气气候实况回顾；气象灾害场面描述、利弊影响及应对举措介绍；气象预报预警服务产品的新闻化表达；气象灾害影响分析预估及生产生活建议。其中每一个方面都可以独立成篇，也可以通过组合形成立体化报道。成熟的新闻资讯呈现的时态大都是回顾过去，立足现在，预告未来，且会对极端破坏性和特殊影响性给予突出强调和提示。

下面来看一组例子。

新闻案例 来源《合肥日报》2016 年 9 月 20 日 第 A04 版

本周天气晴好 气温略有起伏

记者　柳书节

本报讯　上周 14—16 日受台风“莫兰蒂”外围影响，全市普降中到大雨，中东部局部大到暴雨，平均过程累计雨量 40 毫米。15 日长丰县、庐江县开展人工增雨作业，效果显著，有效缓解旱情。气象专家表示，20 日前后气温小幅下降，早晚偏凉。

据合肥市气象台最新预报，本周全市以晴到多云天气为主，20 日前后受弱冷空气影响，气温有小幅下降，23 日后气温略有回升。具体预报如下：21 日，晴天到多云，18℃ ~ 27℃；22 日，晴天到多云，17℃ ~ 28℃；23 日，晴天到多云，18℃ ~ 28℃；24 日，多云到晴天，19℃ ~ 29℃。

来自《合肥日报》的报道《本周天气晴好 气温略有起伏》便是将天气预报产品转化为新闻的典型做法。文章导语部分用概括性的语言回顾过去一周天气状况和气象服务，对未来天气做展望，在展开段落陈述具体的预报结论；稿件中规中矩，结构框架清晰，语言风格简洁硬朗，与日报等媒体定位相契合。

新闻案例 来源《枣庄晚报》2016 年 9 月 20 日 03 版

水温低游人少运营成本高
天气渐冷水上乐园"冬眠"了

晚报讯（记者 王萍）炎炎夏日时，不少市民去水上乐园嬉水避暑，可近期天气逐渐转凉，火爆了一个夏天的水上乐园开始门庭冷落，不少主打水上乐园的商家开始对设备进行维修保养，以备明年再战。

17 日，记者看到位于光明大道上的某水上乐园主题公园与前段时间的热闹非凡相比，颇为冷清。该水上乐园一名负责人介绍，现在天气转凉，来水上乐园玩的人与七八月份相比少了很多。虽然现在还对外售票，但前去游玩的人数却大幅下降。水上乐园生意好的时候，工作人员到水上乐园安全巡视、检查设备，每天都要忙到下班才能休息。进入九月后游客数量下降了不少，整个水上乐园只有几个人在玩，目前已经全面进入停业状态。

……

水上乐园完全是靠天吃饭，一般都是 5 月底 6 月初开业，一年下来旺季也就 3 个月的时间。气温在 35℃以上的时候是最适宜玩水，如果温度太低，游玩的效果就不太好了。"立秋后，为了保证游客能有较好的体验，哪怕只有几个人来玩，所有的游乐设施也必须保持运行。"该水上乐园的负责人说。所以，水上乐园并不会因为人数的减少而降低运营成本。

……

刊发于《枣庄晚报》的《水温低游人少 运营成本高 天气渐冷水上乐园"冬眠"了》则透视了天气对社会生产生活的影响。随着季节转换、天气变幻，"靠天吃饭"的水上乐园生意也由热转冷，文章既反映了气温与游客游乐体验的对应关系，以及天气转凉后行业受到的冲击，也对游客游乐项目选择做了必要的提示，信息量大，浅显明了，具有较强的现实指向性和生活指导性。

中新网文字报道《"最强台风"逼近厦门 全市停产停工休市防台风》与一组高清图片组合刊发，生动全面反映台风当前，厦门"三停一休"防御部署落实情况。

其间，该网站还刊发了《强台风"莫兰蒂"登陆厦门 风雨潮三碰头》《"莫兰蒂"台风"登鹭"见闻：风雨同行中秋夜仍有微光似曦》等文章，从标题便可清晰判断有的侧重于介绍气象灾害影响预报，突出科学性；有的则侧重于反映灾害现场的民生现状，突出人文性。

（3）气象新闻资讯的特点。气象新闻资讯具有许多鲜明的特点，一是真实性。真实性是新闻的生命，气象新闻资讯的真实性在很大程度取决于它的科学性，二者相辅相成。天气气候是一种自然现象，对大气领域的研究也形成了相应的学科，对于本身具备极强科技性事物的报道必然要体现出科学性，如实况统计的科学性、预报结论的科学性、原理分析的科学性、决策部署的科学性等等。囿于现阶段人类对气象科学问题认识的局限性，气象预报预测存在不确定因素，应对研判也时常遇到未知的局面，气象新闻资讯的真实性有时会被打折扣。

二是时效性。众所周知，时效性是判定新闻价值的重要指标。气象新闻资讯的时效性特征更为显著，生命力具有较大弹性。长期业务化运行的天气预报时效大多为三天，而且准确率相对较高，气象新闻的时效与预报时效相对应。近些年，随着天气预报能力的增强，气象预报时效延长到五天、七天，甚至十天，气象新闻资讯的时效也随之调整，只是随着时间推移，天气实况对预报结论和气象新闻资讯随时进行着检验，一旦预报出现偏差，气象新闻的生命也随之陨灭。由于气象信息的特殊服务属性，法律法规赋予了媒体明确的传播职责。为保障气象新闻资讯的时效，特别是遇有重大突发气象事件，可以开放“绿色通道”，通过各类媒体实现即时性插播、滚动播放等方式发布。

三是实用性。如果说一些新闻资讯迎合的是受众猎奇、娱乐的心理，或是提高修养、情操等精神诉求，那么气象新闻资讯在满足知情权的基础上，往往更注重受众现实层面的需求，因而更接地气、更具实用价值。气象新闻资讯从来不是“天气预报”的有闻必录，而是经过精挑细选后，附着了不可替代的服务指导功能。随着气象服务产品种类的增加和内容的改进，例如与旅游、健康、出行等相关的各类生活指数、生活指南的问世，让气象新闻资讯的实用性也变得更加突出了。

（4）气象新闻资讯的呈现方式。新闻界长期以来都十分推崇“内容为王”的理念，但快读时代的“包装”也日益成为不可忽视的因素。当下，气象新闻资讯正走向深加工、细加工的趋势，表现形式和手段也日益丰富多元化、分众化，它甚至成了内容的一部分，可谓量质齐升。分析其原因，一方面在于随着全球气候变暖的影响深入，极端气象灾害呈多发、频发、重发之势，这是备受瞩目的不可回避的客观现实，也是极具新闻价值的媒体关注点；其次，社会公众在提高生活品质过程中需要气象服务的深度参与和融入，这种需求的增长和要求的提高对于气象新闻资讯生产是一种牵引和刺激；再者，在信息爆炸时代，在媒体融合发展的大背景下，新闻的内在规律也始终在引导气象新闻表现形式的创新和变革。

气象新闻资讯呈现形式按照载体可分为文字资讯、图片资讯、图例图示和影像资讯。其中，文字资讯的兼容性较强，可以承载各种气象资讯内容；其余几种则在表达上各有优势，例如图片和音视频的即视感、现场感更适合展示气象灾害场面，图例图示则适合反映影响和预报结论。而在处理具有重大影响的气象新闻时，网络媒体则往往会采用“多媒体”的呈现方式，以增强表达的感染力、通俗性和传播力。

早在十年前陈娟（2005）就分析研究认为，经过实践的打磨，“气象新闻报道经历了从‘天气简报’到‘气象新闻’，从‘直线报告’到‘立体解读’的转变，从而使气象新闻在媒体上由配角成为主角，由当初无足轻重的服务性信息变成新闻媒体上重要的新闻品种。”

据统计，最近 30 年，全球 86% 的重大自然灾害、59% 的因灾死亡、84% 的经济损失和 91% 的保险损失都是由气象灾害及其衍生灾害引起的。将视线拉回国内，我国作为典型的季风气候国家，气候种类多且复杂多变。在全球变暖的大背景下，自 20 世纪中叶以来，我国气候变暖幅度几乎是全球的两倍，高温、干旱、暴雨、台风等极端天气气候事件趋多增强。在气象灾害的社会敏感性越来越强的趋势下，新闻媒体必须对关乎人民生命财产安全的气象报道予以重视，这是新闻规律使然。

在我国传媒体系中，不论是传统的报纸、广播、电视，还是如今兴盛的网络、微博微信、新闻客户端，气象新闻都占据了一席之地。《新京报》是较早开辟气象新闻版的媒体， 2003 年创刊至今，始终将 A 叠最后一版作为“气象”版，以刊发气象新闻图片、预报产品、生活贴士为主。在都市类报刊中，开设气象板块、栏目早已司空见惯，固定版面、版位对于气象新闻的处理提出了更高的要求，同时满足了读者的多样化需求，也培养了读者新的阅读习惯。

对于牵涉面广、灾害损失重、民生影响大的天气气候现象，以及针对气象灾害展开的防御处置、科学认知、灾后重建等等气象新闻事件，媒体在处理上往往要经过深度挖掘和横向延伸，这类气象新闻远远超越了日常生活服务类信息的范畴，如党委政府对暴雨洪灾开展防御部署、严寒天气下启动“看天供暖”机制、厄尔尼诺事件波及粮食安全，这些已经进入政务要闻、民生新闻、经济新闻等范畴。

案例分析

7 月 3 日上午，2016 年西北太平洋第一个台风“尼伯特”生成。7 月 9 日 13 时 45 分，“尼伯特”以强热带风暴级在福建石狮沿海登陆。受其影响，福建中部沿海地区发生暴雨到大暴雨，局部特大暴雨，造成多地内涝严重，引发生命财产损失。

《福建日报》7 月 4 日、5 日、6 日一版要闻连续发文《今年 1 号台风，7 日起影响我国外海渔场》《“尼伯特”6 日进入我省 48 小时警戒区》《“尼伯特”可能于 8 日登陆闽浙沿海》拉开此番报道序幕，分别围绕防御救援和灾后重建阶段相继开设两个栏目予以强化，多次以整版、大半各版的篇幅刊发于要闻版，突出其作为当时报道的重心位置，并持续至 7 月 18 日。新福建客户端、东南网相关报道与之形成互动呼应（表 3.2）。

表 3.2　2016 年 7 月 1—31 日出版的《福建日报》关于台风“尼伯特”的报道统计

版位	文字（篇）	图片（张）	栏目	刊发频次
要闻版	107	42	2 《全力以赴防御“尼伯特”》 《齐心协力 重建家园》	27
国际 / 国内	12	12		3
民生	2	3		1

3.2.3 气象科普传播的特点

气象科普知识也是气象传播的一个重要内容。在我国，台风、暴雨、干旱、高温热浪、沙尘暴、雷电等重大气象灾害频发。一些气象灾害导致的伤亡事故和经济损失在一定程度上是可以避免的，但由于公众对气象灾害的威胁性认识不清，缺乏相关防灾避险知识，而不采取防御措施或选择了错误的防御方法。整合气象科普知识，创新气象科普产品，借助媒体渠道广泛传播就是为了能够提高社会公众的防灾减灾意识，在灾害来临时能够采取正确的防灾避险方法，从而降低和避免气象灾害造成的人员伤亡和财产损失。

气象科普信息传播主要是利用各种传播手段，面向社会公众传播各种气象科技知识和防灾避灾知识。长期以来，气象部门致力于气象信息内容的开发，为社会提供内容丰富，更能满足公众需求的气象信息。我国从在20世纪50年代初期，为公众提供的比较单纯的天气预报服务，经过近半个多世纪的发展，目前气象部门提供的气象信息从内容到形式都得到了极大丰富。不仅包括常规天气要素预报预测、天气实况服务，还包括暴雨洪涝、台风、山洪、地质灾害、干旱、高温热浪、雷电、冰雹、雪灾、低温冷害、雾、霾、酸雨等灾害性天气预警服务，并制定发布与公众工作、出行、健身、医疗和日常生活紧密相关的各类气象信息产品，还发布公众关心的重大天气、气候，气候变化、气象科技进展等新闻资讯以及相关的科普知识等。

由于气候系统本身的复杂性及天气对社会经济、公众生活的广泛影响，气象科普传播内容种类繁多，主要分为气象产品类、气象资讯类和气象科普类，具体而言包括天气灾害实况监测类信息、天气/气候预报类信息、气象灾害预警类信息、气候公告、评价类信息、生活气象服务信息、气象资讯科普类服务信息等内容。

（1）气象科普产品的范围。大众传播媒体承载的气象科普创作当下呈繁荣之势，产品日益丰富，涵盖影视、网络、动漫、多媒体等种类，也涌现出一批具有艺术性、实用性、感染力的气象科普作品，既致力于提升公众科学素养，又乐于借此满足受众的广泛的欣赏品读情趣。

气象科普立足于科学研究，所传播的大都是已经相对成熟的气象科学技术知识，虽然气象科普产品内容的首创性不强，但随着传播载体和受众的信息接收方式、习惯等变化，其表现手法、传播理念和解析视角也在不断更新，呈现耳目一新的面貌。当下气象科普主要从以下视角切入（表3.3）。

表3.3　气象科普范围

类别	科普内容
气候变化	气候变化的基本概念和科学研究，气候变化对各行业领域的影响，气候变化的应对
天气气候	各类天气气候术语及现象解析；重大天气气候事件的成因、特点及影响解析
生态环境	现实天气气候对生态环境的影响，交叉领域的科研成果，气象工作对生态环境建设的支撑保障
预报预测	天气及空间天气的预报预测基本原理、技术支撑；准确率问题及其影响因素
防灾减灾	交通、旅游、农业、电力、能源、通信、市政等生产生活应对攻略；各类预报预警产品的应用
气象科技	气象科学技术的最新研究进展、成果转化效益，特别是对于民生的改善

以《中国气象报》的“科普看台”板块为例，自2013年1月11日开始，中国气象报社联合中国气象局气象宣传与科普中心打造品牌化的气象科普平台。“科普看台”板块采用科普常态与重点跟进相结合的方式，一方面随着时令季节更替作广泛的大众科普，解疑释惑，助推公众气象科学认知能力的提升，另一方面在对重大天气气候事件和对社会热点问题的解读中，都较好地将气象科普与公众需求结合到一起，使得科普文章的可读性和实用性大大提高，增强了公众对气象科普知识的认同感。同时，客观、权威的报道也经常被其他媒体直接引用，成为气象行业形象“输出”的重要方式。

如2016年以来“科普看台”板块用5期以《预报术语的自白》为题针对公众的疑惑甚至吐槽，诸如“气象台的霾预警级别由黄色升级为橙色，可有时大气能见度依然不错，是该相信自己的眼睛还是相信预报预警？”“雨带变化它要管，持续高温它也要管，台风走向它还要管，‘副高[①]’凭啥管的这么多？”等，以霾、副高、霜冻线、冷涡、气旋等为第一人称进行回应，文风生动幽默、十分接地气，适合新媒体进行再传播，让受众获得了较好的阅读体验。

（2）气象科普创新。气象科普不断创新是满足人们对气象知识追求的动力之源，也是气象科普始终保持活力的源泉。因此，气象科普要切实做到，一是不断创新表现方法。长期以来科普作品总是难以摆脱“教科书”式“说明文”式的概念解析，知识框架刻板，内容陈旧，案例过时，容易让受众产生严重的审美疲劳。气象科普应该借助大数据和可视化思维，让产品从概念性的初级分析向影响的广度和深度延伸，引入技术手段丰富表现手法，让受众从被灌输知识向主动索取知识转变。

二是能守住专业底线。互联网时代海量信息如潮涌来时，受众在很大程度上依靠网络媒体的浅层阅读获取信息，特别是气象科普对象正呈现低龄化特征，为了赢得这部分人群，部分气象科普传播者可能过于迎合这部分年轻受众的阅读习惯和心理，导致科学知识偏离科学本身的样貌，让人更难以甄别什么是猎奇？什么是科学？气象科普必须紧扣“科学性”的本质属性，严明通俗化和庸俗化的界限，发挥专业权威解读的优势，达到引导和释惑的效果。

三是强化与读者互动。在媒体融合时代，传播从单向转化为双向甚至多向，受众的参与程度更高，气象科普传播应该积极利用这种变化，为产品留有互动出口，吸引读者加入，进而消除专业性与大众化之间的隔阂。有了受众的自主性参与，可以更好地协助其调整面对气象灾害时的不理性思维，克服恐慌情绪。同时，它也可用实事和知识充实读者的头脑，增强其判别是非和处置突发气象灾害的能力。

3.3 气象传播内容的质量

气象传播内容的质量是人们普遍关心的问题。气象传播内容的质量

① 副高，副热带高压的简称。

问题，主要是指在人们使用气象信息的过程中，一些虚假信息、误传或误导信息、缺乏时效性或无用的气象信息，存在于气象传播中，从而影响人们开展正常的经济社会活动，造成对决策判断的失误，甚至造成重大人员伤亡和经济财产损失。气象传播内容的质量问题不包括由于科学技术原因局限造成的气象预报不准确。

3.3.1　影响气象传播质量的因素

近30年来，我国一直非常重视气象传播质量问题，为了从制度层面保证气象传播质量，2000年实施的《气象法》对气象传播从法律上进行了规范。但是，从气象传播实践分析，目前我国气象传播质量在制度、技术和社会不同层面依然存在以下问题。

（1）影响气象传播质量的制度因素。气象传播是一项十分复杂社会性工作，其传播质量直接受到社会制度和传播制度的影响。社会制度包括政治法律制度、经济制度和思想文化制度等等，各种传播媒体载体均植根于社会制度的土壤中，社会制度对传播内容的影响是最根本的因素。在不同社会制度下，传播载体会选择不同传播信息、传播方式和传播表达等。例如，在市场经济体制下，许多传播载体被推向了市场，这就决定了在媒体的经营运行中以经济效益作为信息选择和传播的标准，从而会造成经济利益高的区域和内容的信息将会大量传播、重复传播，而经济效益低或没有效益的区域和内容就不会被传播。

我国气象传播就存在这种现象，一些广告资源丰富、人口集中的地区，气象信息重复覆盖，而在边远农村、贫困地区传播气象信息成本高，回报率低，这些地区的人口往往很难及时得到气象信息。在社会制度中的传播制度也是直接或间接影响气象信息的重要因素，它包括宏观的国家传播体制和微观的传媒机构内部管理机制。国家的广播、电视、电信等传播资源分散到各个部门，还有大量的社会传播媒体载体资源，气象信息内容通过这些渠道传播，自然要受到这些传播资源管理制度的影响和制约。为了降低这些影响，《气象法》规定："各级广播、电视台站和省级人民政府指定的报纸，应当安排专门的时间或者版面，每天播发或者刊登公众气象预报或者灾害性天气警报。”但在实施中，仍然不可避免地会受到各种传播体内部制度的影响。

（2）影响气象传播质量的社会因素。影响气象传播的社会因素比较多，也比较复杂，参与气象传播的主体多、载体多、层次多、社会成分复杂，这些众多的因素都可能直接或间接地影响到气象传播的质量。如有的记者在传播气象信息过程中，往往比较注重受众的感受，吸引接受者的眼球，他们在传播中不会拘泥气象预报人员那种职业性的语言与表述，传播的气象信息经他们之手就可能更大众化、通俗化，更容易引起公众关注和重视，但是如果解读不好，也可能引起社会过度的恐慌或误解。另外，还有的组织和个人，为了自身的利益而置社会利益和他人利益于不顾，制造一些虚假气象信息以推销产品，或传播一些非科学的自制气象信息以聚人气，或不明真相而以讹传讹，或造谣惑众而泄私愤，从而给社会和他人造成直接或间接的危害。

（3）影响气象传播质量的技术因素。这是影响气象传播质量最重要也是最直接的因素。气象传播历史较长，每一次传播技术的突破，都使传播质量就有一次新的发展，从电报技术、电话技术到电台广播、电视传播，再到现在网格传播都是如此。但是，新技术的出现又会出现一些新的传播问题，目前我国已经进入网络化、多元化气象信息传播时代，对一个特定气象事件信息有来自不同视角的各种观点和越来越多的评论，为了避免误读、误传事件类气象信息，公共媒体就应广泛收集不同专家意见，否则就会造成社会混乱。如对 2015 年百度排名前 50 的传播气象信息网站①的跟踪分析，通过跟踪分析发现，这些网站的信息来源有 50% 的网站没有标注数据的具体来源，这就需要根据相关法律法规，进一步加强对网络气象信息服务的管理与规范。当然，

① 包括：中国天气网、2345天气预报、Ip138天气预报、天气在线、天气网、8684天气查询网、欣欣天气预报、中国气象局天气预报、hao123天气、米胖天气频道、搜狗天气、360天气、网易天气预报、114啦·天气、搜狐天气、搜狗网址导航天气、中央气象台、腾讯天气、同程网天气预报、中国网天气预报、携程天气、新浪天气、气象网、嘻嘻网天气预报、121天气、春运网天气、高速宝天气预报、便民查询网天气预报、天气预报网、铁友天气、The Weather Network、风云录、91天气预报、中国气象视频网、查天气、高铁网、火车网天气、新华网天气预报、天气321、心知天气、昆明国旅天气预报、天气主播网、天气预报（5566）、天气预报查询网、天气预报15天、询天气、好天气网、qixiangtai、中华天气预报网、逍遥天气。

技术因素影响气象传播质量，也包括传播技术装备配置水平和质量，如果水平较低，质量较差，不仅影响传播及时性，传播的广泛性，也会影响到传播效果。

（4）影响气象传播质量的人为因素。在气象传播中也存在一些人为因素而影响传播质量，这些因素包括玩忽职守、部门推责、人为篡改，导致重大漏报、错报公众气象预报、灾害性天气警报传播，也包括错转、错传和人为失误等引起的气象传播质量。随着政府、部门责任制的强化落实，这类人为因素已经越来越少。

3.3.2　气象传播质量出现问题的危害

气象信息是事关人民群众生产生活动安排，尤其是气象预报预警信息事关人民群众生命财产安全，因此气象传播质量出现问题将会引起严重的社会后果。

（1）扰乱人们正常社会生产生活秩序。气象信息直接影响到人民群众的生产、生活，在2000年《气象法》实施之前，一些媒体载体随意转抄、摘抄气象预报向社会传播的事件时有发生，这种无序刊播，不仅侵害了气象台站的合法权益，更严重的是转、摘中产生的谬误有可能给国民经济和人民生命财产造成损失，造成不良社会影响。据当时的调查，有的省（自治区、直辖市）电台和报刊存在着以不同方式播发和刊登由非气象主管机构所属的气象台站提供的气象预报，全国有相当多城市的寻呼台存在滥传气象信息，有6个省（区、市）发生BP机寻呼台因违法传播气象信息而引起的诉讼。利用虚假气象预报做广告的事件时有发生，如1995年夏季，某集团有公司在广告制作中虚报某市高温还将持续，当天就有100多位市民打电话到市气象台询问，既在市民中造成混乱，又干扰了气象部门的正常工作。

为加强对气象传播的管理，《气象法》中明确规定广播、电视、报纸、电信等媒体向社会传播气象预报和灾害性天气警报，必须使用气象主管机构所属的气象台站提供的适时气象信息，同时还要标明发布时间和气象台站的名称，坚决制止和依法处理非法向社会制作、传播、转播和发布气象预报的行为。其"适时气象信息"，就是指气象台站最新制作、发布的气象预报和灾害性天气警报信息。

随着经济社会的快速发展和人民生活水平的不断提高，社会对气象预报的需求越来越高，新媒体的出现也使气象预报的传播渠道和传播方式发生了较大变化，公众可以从各种传播渠道接收气象预报，大大方便了人们的生产生活。但随之而来也出现了许多问题，如公众普遍反映预报来源不统一、缺乏权威性，预报准确率不高、针对性不强，预报更新不及时、存在过时预报，预警信号发送慢、覆盖面不广等问题，究其原因在于各类媒体和单位在传播气象预报的过程中，很多不是从专门气象预报发布渠道（各级气象台）获得的，而是互转互发，加上不及时更新最新发布的预报，就会以讹传讹，误导公众，影响了人民群众对气象信息的应用。

（2）影响气象防灾抗灾决策。气象防灾抗灾决策不仅直接关系到人民群众生命财产安全，而且决策失误还可能造成巨大的抗灾成本，增加社会负担，也会增加社会恐慌。如果传播及时，群众及时收到气象灾害信息，就可以及时采取有效措施，避免人员伤亡，减少经济损失。如 1993 年 5 月发生在甘肃、宁夏和内蒙古西部等地的强沙尘暴（俗称黑风），当地气象台站及时发出了警报，有的地区接到警报后积极采取防御措施，从而避免了人员伤亡。有的地区由于信息传递不及时或者没有采取相应的防御措施，则造成人民生命财产的严重损失。又如 1994 年 17 号台风在浙江登陆，就造成很多人员伤亡；1996 年 15 号台风在广东湛江登陆，也造成了严重损失。对于上述台风，气象部门都提前准确地发布了预报和警报，但是由于传播气象灾害信息和在防御气象灾害问题上尚未从法律的高度做出明确规范，从而影响了责任的落实。近 10 年来，随着气象传播法律法规的不断完善，一些公共媒体载体在传播气象灾害预警信息方面均开通绿色通道，基本实现第一时间传播灾害预警信息，极大地增强了社会决策防救能力。

（3）干扰正常气象工作秩序。气象工作是一项科学性极强的工作，一些非气象社会组织经常发布或传播一些气候预测预报，如果在群众中流传，就可能使群众对气象工作产生怀疑。在《气象法》颁布以前，各级气象部门都存在类似现象，一些民间预测组织经常传播一些天气气候异常预测，甚至与气象部门的结论相悖，从而干扰了正常气象工作秩序。

因此《气象法》规定，“其他任何组织或者个人不得向社会发布公众气象预报和灾害性天气警报”。有关科研教学单位、学术团体和个人研究和探讨气象预报技术、方法应当鼓励和支持，他们得出的预报结论和依据可提供给有关气象台站制作气象预报时参考，或者在各级气象主管机构所属的气象台站主持召开的气象预报会商会和其他专业会上发表与交流，但不得以任何形式向社会公开发布和传播。

（4）影响气象工作者社会公共形象和信誉。气象部门是一个科学技术部门，气象工作者大都是科技人员，他们具有良好社会形象。但是，如果气象传播混乱，包括传播虚假气象新闻，就可能影响气象工作者的社会公共形象和信誉，甚至导致社会公众对正常气象信息的科学性产生怀疑，使他们在使用气象信息时采取保守心态，甚或采取排斥心理，从而对许多很有价值的气象信息也不采信，或举棋不定，视而不见，坐失时机。虚假气象信息不仅会影响人们利用气象信息的积极性，也会影响气象信息的广泛传播。

3.3.3　改进气象传播质量的途径

改进和提高气象传播质量是所有媒体的共同责任，近30年来，所有传播气象信息的媒体均进行积极有效的实践探索，取得非常好的传播效果。但是从覆盖更广、更及时、更便捷、更可信的质量要求来讲，还需要通过以下途径进一步改进和提高气象信息的传播质量。

（1）发挥政府部门在气象传播中的龙头和主导作用。政府及各部门都掌握有大量的信息传播载体，气象部门发布的各种气象信息，尤其是发布的气象灾害预报预警信息，政府及各部门的信息均可在第一时间传播。这种渠道传播的气象信息信誉高，效果好，社会公众采用率高。

我国从1956年6月1日开始，就通过各地人民广播电台每天定时向社会发布传播公众天气预报。从1981年开始，在中央电视台开辟了城市天气预报节目在新闻联播节目后播出。30多年来，电视天气预报节目不断改进、完善，已成为社会公众获取气象预报的重要渠道。通过广播、电视和报纸等传统媒体发布气象预报是公众气象服务的重要手段，也是党和政府关心人民群众的体现。为保证人民群众能收听（收看）到气象预报，《气象法》明确规定了各级广播、电视台站和省级人民政府指定的报纸，应当安排专门的时间或者版面，每天播发或者刊登公众气象预报或者灾害性天气警报。近些年来，政府各部门的网络、新媒体快速发展，已经成为重要的信息传播载体，均应明确承担传播气象预报预警信息的职责。

作为灾害性天气警报、气象灾害预警信号的主要传播手段，一方面，广播、电视、报纸、电信、网络、新媒体等均有义务在灾害性天气来临之前，及时向社会播发或者刊登由气象主管机构所属的气象台站直接提供灾害性天气警报和气象灾害预警信号，共同维护经济社会稳定和人民生命财产安全。另一方面，对突发灾害性天气警报、气象灾害预警信号有及时增播、插播或者刊登的责任。由于天气瞬息万变，特别是中小尺度灾害性天气系统突发性强，造成的影响大，而媒体定时播发和刊登的气象预报信息，远远不能满足防灾减灾的需求。为保证最新的气象预报信息，特别是灾害性天气警报和气象灾害预警信号能及时传递给公众，确保人民群众生命财产安全，因此对媒体刊登灾害性天气警报、气象灾害预警信号，应当根据当地气象台站的要求及时增播或者插播，做出明确的规定。同时要注重提高政府部门气象信息发布和传播工作者的职业道德水平，增强社会责任感。

（2）规范气象信息服务业发展。近年来，我国气象信息服务业得到较快发展，大量社会组织和企业已经参与到气象传播行业。但是，在市场利益的驱使下，有些根本不具备制作天气预报的单位和个人，也进入气象信息服务市场从事气象信息经营活动，既干扰了气象信息服务业市场秩序，又影响了消费者的合法权益；更有甚者，有些经营厂家和公司配合产品推销，编造虚假天气预报广告，在群众中造成了极坏影响，严重干扰了气象工作的正常秩序；一些信息组织也滥抄滥转气象信息，不仅侵害了气象信息制作单位的合法权益，而且对用户也极不负责。因此，对这些组织和企业传播气象信息的行为进行规范非常必要。

目前，中国气象局已经发布了有关行政规章，对规范气象信息服务业发展提出明确要求。

一是依法有序开放气象信息服务市场，引入市场竞争机制，激发市场活力，发挥市场在气象信息服务资源配置中的积极作用，扩大气象信息服务的覆盖面，增强气象信息服务的供给能力。

二是培育气象信息服务主体，支持和鼓励从事气象信息服务的法人和其他组织，明确各级气象主管机构应当保障各类气象信息服务主体在设立条件、基本气象资料和产品使用以及政府购买服务等方面享有公平待遇，主动为气象信息服务主体提供支撑条件，培育气象信息服务主体发展壮大，提高气象信息服务的能力和水平。

三是依法规范气象信息服务市场运行机制，强化市场监管。建立气象信息服务市场运行规则，依法规范气象信息服务市场主体行为，建立诚信体系，完善监管措施，促进气象信息服务市场依法有序发展，提高气象信息服务的质量和效益，最大限度地满足经济社会发展和人民生活对气象信息服务的多元需求。

当前和今后主要任务就是强化管理和监督，在信息机构设置、信息传播形式、媒体承载内容等方面制定相应的法规来制约，并设置相应的机构监督检查。传播虚假气象信息要受到应有惩罚。对现有的各种气象传播机构和媒体，不合格者应坚决取缔。

（3）依据《气象法》进一步细化落实气象信息发布与传播法律责任。气象信息发布是第一道关口，《气象法》颁布以后，气象预报的统一发布被上升为国家法律管理的行为，它对规范气象预报的发布和传播秩序，使气象预报更好地服务社会公众发挥了重要作用，但在实践中出现了一些新情况和新问题，需要进一步研究和完善相应法规。

一是不同层级气象台站气象预报发布主体的关系协调。为具体落实气象预报统一发布制度，中国气象局《关于公开发布城镇天气预报管理的通知》规定，中央气象台发布国外大城市、全国省会城市、计划单列市和部分地（市）级城市天气预报；省级（地市）气象台发布本省（地市）范围城市天气预报。近年来，各级气象台利用本级发布的或转发的公众天气预报产品，由本级专业气象台作为经营性的信息产品向责任区下级气象台站的所属城市，有的甚至向跨责任区的城市发布或转发，从而造成上下级和同级气象台站之间的矛盾。这对气象预报的统一发布制度和正常的转发秩序造成一定影响。

依据《气象法》，各级气象台站都有发布本责任区范围内公众气象预报和灾害性天气预报警报的权限，并以当地台站发布的预报为准。对灾害性天气预报警报发布是否应以当地气象台站发布的预报为主，这个问题值得研究。世界许多国家对此做出的法律规定都非常严格，如《日本气象业务法》规定“气象厅以外的人不可以制作气象、海啸、大潮、波浪及洪水的警报”，并规定传播预报和警报“必须按照运输省规定的方法制作标志”。《韩国气象业务法》规定“除中央气象台外，其他人不能制作有关气象等的预报或警报”。澳大利亚《气象法》规定，只能由澳大利亚气象局“发布大风、暴雨和其他可能造成生命或财产损失的警报，以及可能出现洪水或森林大火的天气条件警报”。美国有关天气服务政策规定：“当发布各种威胁人民生命状况的警报时，国家天气服务是唯一代表官方的发言”。结合我国的实际情况，应当从法律上规定各级气象台发布的重大或灾害性天气预报和警报，下一级气象台站在未与上一级气象台会商同意的情况下不得修改，只有在上一级气象台没有发布灾害性天气预报和警报情况下，下一级气象台站可以根据当地气象情况发布本行政辖区内的灾害性天气预报和警报，必要时应当向上一级气象台通报当地灾害性天气预报和警报发布情况，若对邻近地区有影响，还应当规定向相邻气象台站通报。

二是气象预报发布与气象预报服务的关系协调。根据《气象法》规定，气象预报发布与气象预报服务在法律上是既相互区别又相互联系的两个概念。法律规定，公众气象预报和灾害性天气警报必须统一发布，这种发布本身就是公益性气象预报服务最重要的形式和途径。但是，这种统一发布并不能完全等同于气象预报服务，人们在生产生活中需要得到针对性、适用性、时效性更强的气象预报，其服务方式需要更灵活、更便捷、更开放。目前，公众天气预报统一发布的时次、范围和方式等还不能完全满足人们现实生产生活的需要，仅利用公众天气预报产品通过选择最便捷的传送方式，及时滚动更新，加密传送，以开展经营性气象服务还有较大的服务市场。气象传播是一种服务，现在已经明确所有信息组织和企业都可以依法规开展气象传播服务，而在实践中发布和传播的关系仍然有待细化。

三是法律规范与气象科学技术发展的关系协调。《气象法》明确规定了中央、省市、地市和县市四级气象台站按职责发布公众气象预报和灾害性天气警报的制度，但随着现代气象科学技术发展，气象预报统一发布的层次可能会减少。根据现行可以达到的科学技术水平，全国大部分地区可以实行中央、省市和地市三级气象台发布制度，县市气象台站可以逐步转变为一级气象服务组织，以转发上级气象台发布的公众天气预报和灾害性天气预报警报。这样法律规定的气象预报统一发布主体，可以由四级调整为三级，在必要时可对气象预报发布的法律制度进行新的修改或新的解释，相应的气象传播也会发生变化。

四是气象预报发布与研究成果的关系协调。《气象法》既规定了公众气象预报和灾害性天气预报、警报的统一发布，又在第七条中规定“国家鼓励和支持气象科学技术研究、气象科学知识普及”，其中应当包括对气象预报的研究。《气象法》虽然禁止任何组织或者个人向社会发布公众气象预报和灾害性天气警报，但在具体实践中一些非气象主管机构所属台站的有关组织或个人对中长期气象预报的研究成果，有时总会通过各种途径（包括通过各类报刊）在社会上传播。有的报刊传媒往往以新闻方式对其予以报道，有时政府部门的少数领导为使社会对气象灾害的严重性引起重视也默许这种做法。这类行为通过法律手段完全禁止其发生，在实践中有一定难度。为了协调类似的行为，可以考虑制定规范性的文件，特别是对灾害性气象预报的研究结论，应明确规定必须经国家级和省市级气象专门机构论证通过，未经论证通过的不得向社会发布和传播。

（4）强化违规传播气象信息追责。发布和传播气象信息无论是政府组织和部门，还是社会组织和企业都有相应法律责任，违反法律法规的发布和传播行为均依法予以追究。

一是依法追究法律责任。通过气象立法维护社会气象活动秩序，是气象法需要解决的重点任务。为此气象法为维护公民无偿享有获得公众气象服务产品的权利，对管制违法制作和发布公众天气预报的行为、对滥传滥转公众气象信息的行为、对滥制虚假天气预报作经营广告的欺诈行为和对各种媒体可能侵害群众收听收看天气预报权利的行为进行了规范，并设置了比较重的处罚条规。对违法发布和传播气象信息的行为应追究法律责任。

二是依法追究行政责任。对隐瞒、谎报和由于玩忽职守，导致重大漏报、错报公众气象预报、灾害性天气警报的行为，也予以追究。但由于技术原因造成的重大漏报、错报公众气象预报、灾害性天气警报，不承担法律责任。因为受科学技术水平所限，目前气象预报不可能百分之百的准确。因此，要对预报不准确做具体分析，属于技术原因的失准，气象部门应当认真总结经验教训，掌握规律，改进方法，提高服务水平。

三是依法追究政治责任。如果气象预报发布或传播秩序混乱，就会在社会公众中造成混乱，对擅自发布灾害性天气预报还可能造成群众恐慌，甚至引发局部社会秩序波动。因此，维护气象活动秩序不仅是一般性社会服务职责，而且也是重大的政治责任。《气象法》第五条规定："国务院气象主管机构负责全国的气象工作。地方各级气象主管机构在上级气象主管机构和本级人民政府的领导下，负责本行政区域内的气象工作。"这一法律制度实际上赋予了各级气象主管机构维护气象活动秩序的法律职责。

第④章 气象传播载体

传播是人类生存与发展最基本的活动，是群体社会活动的纽带。传播离不开载体，载体即传播过程中用以扩大并延伸信息传递的工具。在人类漫长发展的进程中，不断发现、发明和使用新的传播载体，从而促进了人类文明的发展。提高任何传播质和量的关键都在于不断发现、发明和使用新的媒体载体。在气象传播中，传播载体也是整个传播过程中非常关键的要素，创造和使用有效的传播载体，能够大大增强气象信息的传播效果。

4.1 气象传播载体概述

4.1.1 古代气象传播载体

人类气象活动起源于没有文字记载的远古时代，它发生于原始社会采集狩猎经济的母体之中。我国古代先民开展气象活动有着悠久的历史，在古代传说中，就有许多关于古人观察天时地利的记载，如传说伏羲仰观天上的云彩、雨雪、雷闪现象，又观察地上刮风、起雾和物候变化。他根据天地间阴阳变化之理，创造出了八卦，即以八种简单却寓意深刻的符号来概括天地之间的事物现象。在今天来看，这就是最早创造了气象信息传播符号。

现代考古发现证明，我国古代气象活动起源，可以追溯至距今四千年前的尧帝时期。尧帝命羲和测定推求历法，制定四时成岁，为百姓颁授农耕时令。测定出了春分、夏至、秋分、冬至。2003 年，在山西省襄汾县考古发现的陶寺古观象台遗址，距今约 4700 年，证明了我国古代先民从事气象活动的历史久远，其实也证明了我国古代开启了最早的气象信息传播。

我国气象文明源远流长，在漫长的历史发展过程中，气象传播也有着辉煌的成就。远在 3000 年以前，殷墟甲骨文中，许多卜辞，就记载有大量传播阴晴雨雪的气象信息。但就气象信息大众传播的载体形式而言，基本上为以人际间交流、农谚等为载体，后来随着纸张比较普及，逐步发展纸质载体为主，如历代气象占书与农书籍等，同时也有少量实物载体形式的传播。从中国历史和社会的发展脉络来看，谈及气象传播载体形式，气象谚语、气象习俗、农谚和农书是几种必须提及的重要传播形式。前者广泛流传于不识字的农民群体之间，后者主要在特定的知识阶层之间流传。

在我国广大农村，气象谚语、气象农语均可称农谚，是一种重要的传统传播形式。谚语是人民群众口头流传的固定语句，用简单通俗的话来反映深刻的道理。农谚是农民在生产实践中总结出来的农事经验。气象谚语，是我国气象文化最有代表性的标志之一，流传极其广泛，内容非常丰富。谚语是产生并流行于民间，经常以口语形式存在的、语言简练以传授知识为主要目的的一种熟语形式。“谚”字，许慎在《说文解字》的话说，“谚：传言也”，即是指群众中口语相传，易讲、易记、易传而又富含韵味的俗话。气象谚语，则是指以反映气象与气象相关内容的熟语形式，具有很强的生命力和传播力，对指导农业生产具有良好的效果，这与它所具备的特点是密不可分的。

（1）语言通俗化。谚语多由民众创造，具有口语通俗化的特点。古代谚语虽保留有一定的文言成分，与现代口语有一定距离。但古今口语本身也有变化和发展，因此很多谚语的内容尽管古今没有多大变化，由于白话的发展，谚语也有跟进，所以谚语一直保持了口语化、通俗化的特点。

（2）繁简适用化。谚语发展过程中，在语句上存在着从繁到简的变化，有的谚语转化为成语或其他俗语形式。语句简化，是指谚语在传播发展中省去了一些可有可无的字词，从而使语言更加简练。如谚语“龙多乃旱”到“龙多旱”；但有的在内容上不断扩充，如“龙多旱、人多乱”被扩充为“人多乱，龙多旱，母鸡多了不下蛋，媳妇多了婆婆做饭”。从谚语传播的产生和发展演变过程看，谚语的演变与社会生活和语言体系是息息相关的。谚语丰富了汉语的词汇，形成了汉语多彩词汇系统中一个重要组成部分。

（3）语言简练化。一般谚语都具有言简意赅，富有表达，易于上口和传播的特点，它是一种口头文学作品，具有一定文学价值，气象谚语还具有较高科学价值。谚语的语言要求口语化，又赋予相应节律和音韵，十分简练，并用以歌谣形式表达，通俗易懂，适用性强，便于记忆、传授、传播，深受劳动人民喜爱。谚语的语言构成材料需要经过精心挑选，在语法结构上非常紧凑。如春季起东风时预兆天气会下雨，谚语则说“春东风，雨祖宗”；又如雨水少瓜就甜，雨水多枣就好，谚语则说“旱瓜涝枣”等等。这种表达方式确实便于记忆和传播，非常适合口头语言的思维特点。同时，谚语在语言结构上，又比较讲究表达的对称及韵律，使语句富有节奏感，读来琅琅上口，听来很有韵味。从文学角度讲，一般谚语还比较注意运用修辞，使谚语更加具有感染力和说服力，以增加记忆力和传播力。因此，有用夸张手法表达的谚语，用比喻手法表达的谚语，用拟人手法表达的谚语。如“谷子学得乖，无水不怀胎”中的拟人手法；“月亮长毛，大雨滔滔”中的摹状手法等。

（4）气象谚语是人民群众在长期的生产生活实践中不断总结的智慧结晶，从一个方面反映了劳动人民的创造力。气象谚语不仅具有一般谚语的特征，而且还具有它自身的特点。

其一，相关性。气象谚语一般是把两种或两种以上现象联系起来，以一种或几种现象来揭示另一种或几种现象的出现或发生。一般来讲，现象与现象之间在本质上具有一定的相关性，这是气象谚语能够长期而又广泛流传的内在条件。

其二，地域性。气象谚语是在一定地域生产生活环境中总结形成的，因此它的传播使用也具有地域性。中国南北气候差异很大，一般认为早期气象谚语是在黄河流域形成的，后来逐步向长江流域和岭南地区传播，那么谚语适用性就会发生变化。比如长江中下地区有农谚说，早稻要做到“春分谷浸种，清明早育秧”，但这一谚语在珠江、汉江和黄河流域就不适用。

其三，季节性。气象谚语在适用上具有季性特点，由于季节不同，大气系统受到海洋、大陆和本地环境影响的状况不同，同一谚语不宜使用在不同季节，当然有很多谚语本身也比较注重季节差别，如关于东风的谚语就有“春东风，雨祖宗”，“夏东风，昼夜晴”。从这两句中可见谚语应用要注意区分季节性。在春季，当冷高压入海，从我国西部有低气压或低压槽向东移动时，长江下游地区随着低压的移近，偏东风就不断加强，而在低压前部，常常多阴雨天气。因此还有“东风急，雨打壁”等谚语。但在盛夏季节，除了台风影响以外，一般在副热带高压控制下，才经常吹东到东南风，副热带高气压本有下沉运动，这时冷空气主要在北方活动，冷暖气团难以在长江流域交锋汇合而行云致雨，所以盛夏的东风大多为晴热天气。

其四，局限性。气象谚语在应用中既有实用性和群众性的一面，但也有其局限性，气象谚语应用不仅受到空间和时间变化的限制，更受到其科学性的限制，因为它所总结和概括的是现象与现象之间的一种对应关系，那么在现象之间是否存在本质的必然联系则缺乏科学揭示，即使在本质上存在联系，也缺乏相应的科学度量。因此，在现代气象预报出现以后，气象谚语的影响力明显下降，特别是一些年轻人会更多地相信气象台站发布气象预报。

气象谚语的内容非常丰富，关于气候描述的内容，如不少地方有“十二月歌”“九九歌”。气象谚语涉及长期、中期、短期天气变化的内容都有，如涉及长期天气变化的谚语，就有旱涝、降水和冷暖趋势的预测谚语，也有降水过程和冷空气活动的预测谚语，还有关于霜冻、大风、冰雹、台风等天气现象的谚语。气象谚语按其内容或性质划分，可分为农时气象谚语、气候预测谚语、天气预报谚语、农情预测谚语等类别。历史上比较系统的收集和论述气象谚语的著作，当为元末明初娄元礼的《田家五行》，在我国古代气象科学史上有较高地位，该书收集了当时流行在太湖流域的韵语和非韵语的天气经验专集，其谚语在民间传播流传甚广，影响很大，有些天气谚语至今一些地方还在传播。清代杜文澜的《古谣谚》收集了最早的古谣谚，来源上古流传的《尚书》《诗经》等文献，对古代气象谚语收集比较集中全面。第三十七卷收录了 12 种农书的谚语，第三十九卷收录了《田家五行志》和《田家五行志逸文》二书的谚语，而且全是气象谚语，其他各卷也都收录有气象谚语。

中国自秦开创统一国家至鸦片战争前，劳动人民长期从事应用气象知识的实践活动，创造了辉煌的中华气象文明，积累了丰富的宝贵经验。这些经验，除一部分凭借口耳相传保留下来外，农籍则一直是传播气象知识的主要载体，西汉《氾胜之书》、东汉崔寔《四民月令》、南北朝时期后魏贾思勰《齐民要术》、南宋陈旉《农书》、元朝王祯《农书》以及元朝官修的《农桑辑要》、明朝徐光启《农政全书》等农书，这些古代农书均记有气象和根据天气季节从事农业生产活动的内容，不仅当时传播范围非常广泛，而且至今还在广大农村传播。

4.1.2　近现代气象传播载体

由于科学技术的发展，进入近现代我国气象信息传播发生了新的变化。从进入近代到民国时期，先后出现了报刊、电报、电话等为代表的现代传播载体，以及大学气象教育传播现代气象科技知识。进入当代，我国气象传播更是发生了巨大变化，各种先进传播技术和载体一旦出现，均首先应于气象传播。

4.1.2.1　民国时期气象传播载体

民国时期，开启了我国具有现代意义的气象科学知识传播，创办气象刊物，利用电报、电台、电话和气象教育传播气象信息，是这一时期最主要的特征。

1914 年北京中央观象台编印《气象月刊》。1916 年中央观象台正式发布预报，每日白天、晚上各一次，用悬挂信号旗的办法公布于众。1930 年元旦起，中央气象研究所开始分析绘制东亚天气图，发布天气预报和台风警报，提供公众气象服务，上海、福州、青岛等通过海岸电台为海运和渔民发布台风消息和警报。在气象研究所和全国各方面共同努力下，开始了由中国人自主发布传播气象预报的历史。当时东亚天气图站点仅有 40 多个，到 1937 年已有 322 个，而且气象电报传送的信息量和传送时效有了很大提高。

1924 年中国气象学会成立，次年创办《中国气象学会会刊》，后改为《气象学报》，从 1935 年到 1945 年发表论文达 180 篇，到 1949 年全国新中国成立之前共发表论文达 400 多篇，成为我国近代气象科学知识传播的重要载体。

以气象教育为传播载体，是民国时期气象科学知识传播最重要特征。1918 年竺可桢在武昌高等师范学校任教气象学，1920 年秋受聘南京高等师范学校，充实其在武昌任教的教材，开创了国内高等院校系统传授近代气象学的先河，其气象学讲义在 1929 年被收入商务印书馆出版的《万有文库》。1930 年中央大学地理系设立气象组，1944 年 8 月在中央大学建立了全国第一个气象学系，当时开设海洋学、古气候学、动力气象学、大气物理等课程。1945 年抗日战争胜利，1946 年中央大学迁回南京，先后开设动力气象学、气象统计、中国天气、天气学、天气图分析教学等课程。另外，1929 年清华大学成立地学系，分设地理、地质、气象三组，1946 年成立气象系。1940 年，在香港出版《气候学》，是国内出版最早的气候学教材；1946 年，商务印书馆出版《普通气象学》讲义，是国内出版最早的气象学教科书。

民国时期的气象科学知识传播，不仅为我国近现代气象科学发展奠定了重要基础，也为我国长期以来在民间口头传播的气象经验和谚语提高了科学认识。

4.1.2.2 新中国成立后的气象传播载体

新中国成立后的气象传播一直受到国家的高度重视，气象传播载体随着科学技术的进步，始终与时俱进，一直使用最先进的传播手段，气象传播覆盖面不断扩大。

特别是改革开放以后，随着经济社会的迅猛发展，我国大众传媒呈现快速发展态势，电视、广播、报纸、杂志、图书出版业蓬勃发展。在 2000 年以前，大众气象传播载体总体上以广播、电视、报纸媒体为主体，以杂志、书籍等为延伸，以音像制品为补充，以互联网多媒体为发展方向。进入 21 世纪，新媒体得到快速发展，一些传统传播载体有的趋于稳定，有的呈现大幅下滑，新气象传播形式兴起，参与气象传播的人越来越多，传播速度也越来越快，气象传播覆盖的人群越来越广泛。但在一些农村，传统的传播方式仍然比较活跃，乡村信息站、信息专栏、信息员仍然把传播气象信息作为最重要的内容。

（1）广播气象传播。1949 年 12 月至 1956 年 5 月，气象情报、天气预报属国家秘密，公众气象服务侧重于重大灾害性天气警报服务。1951 年 6 月以后，开始利用广播、信号球方式发布台风警报和信号。1956 年 6 月 1 日，中央气象台第一次通过北京人民广播电台和人民日报、北京日报、工人日报、光明日报向公众提供天气预报，随后全国各地人民广播电台每天定时广播天气预报。自此，广播在气象传播中得到广泛推广，特别是农村的有线广播发展迅速，在传播气象信息方面成效显著。改革开放以后，广播一直是气象信息传播重要手段，许多广播电台设立了气象广播专题，发展到 2002 年全国有 1398 个广播频道，每天播发天气预报信息。

广播气象服务方式包括公共广播电台、卫星数字音频广播、海洋广播电台等，主要形式有天气直播，整点天气播报、天气新闻和天气事件报道、灾害性天气警报以及气象科普知识传播等。进入 21 世纪，贴近百姓生活出行的城市交通广播电台播报天气信息的频次越来越高，成为人们收听天气信息播报的重要载体。

公共广播电台气象传播。中央人民广播电台和全国各省（区、市）的主要广播媒体以及城市调频广播电台均公开发布中央气象台和各省（区、市）气象台制作发布的全国范围和本地区的气象服务信息，不仅包含了天气预报及各类生活气象服务信息，还经常针对灾害性天气推出专家访谈、现场直播等节目。

卫星数字音频气象广播传播。卫星数字音频广播系统（简称DAB系统）传播的内容主要包括气象灾害预警信号、天气警报和城镇天气预报，以及根据当地防灾减灾工作需要发布的其他信息，预警区域明确、具体，有很强的针对性，接收对象遍及偏远地区的终端用户，是预警信息发布手段的有效补充。

海洋广播电台气象传播。通过海洋广播电台（包括海洋气象广播电台）向我国海域和相邻海域的船只、海洋作业平台、海洋捕捞和养殖等用户发布海洋天气预报和海洋气象灾害预警信息，是海洋气象灾害预警信息发布的主要手段。海洋气象广播电台是气象部门建设专门发布海洋气象服务信息和海洋气象灾害预警信息的海岸广播电台，目前基本实现了中国海岸线海洋气象信息的全覆盖。

（2）电视气象传播。1980年7月7日，中央电视台新闻联播节目开始播发中央气象台发布的天气预报。1983年8月广播电视部和国家气象局联合发文，支持全国各级气象部门制作电视天气预报节目。1984年1月，中央电视台天气预报节目利用数字特技“拉洋片”播出。1992年8月，国家气象中心建成准广播级电视天气预报制作系统。1993年3月1日开始，中央电视台天气预报节目改为由主持人讲解天气。在20世纪90年代初，全国省级电视天气预报节目开始改由气象部门制作，90年代中期发展到地市县电视天气预报节目由气象台站制作。到2000年，全国31个省（自治区、直辖市）、计划单列市、232个地（市）、507个县级气象局建立了电视天气预报系统。发展到2002年全国有2489个电视频道，每天播发天气预报节目。

2002年8月，“北京华风气象影视信息集团”成立，以气象影视制作和播出为主业同时发展综合影视制作和传播。2006年5月，中国气象频道开播，逐步构建起全天候的以天气实况和预报、气象新闻、专题专栏节目为主架构的节目体系。覆盖31个省（区、市）约1.2亿数字电视用户。近年来，面对我国自然灾害重、重大活动多的形势，中国气象频道始终坚持以“防灾减灾、服务大众”为宗旨，多次派出报道组直播报道台风、暴雨、沙尘暴等，第一时间向公众报道灾害的影响、防御、预报情况，受到各级政府和社会各界的赞誉和好评。气象新闻资讯在气象灾害防御、重大活动气象保障和突发公共事件应急中的作用也越来越显著。除此之外，频道还着力打造了《中国减灾》《人与气候》《国家气象播报》《四季养生堂》《谈风·说水》等品牌栏目，目前已在社会上具有一定影响力，拥有一批较为高端的固定收视人群。

随着科技的进步，近些年来，我国气象影视事业逐步建立了覆盖全国多频道、多频次、多类型、多媒体的气象影视服务格局。到2014年，国家级制作节目涵盖了中央电视台11个频道、中国新华新闻电视网、中央人民广播电台等国家级权威电视广播媒体。除了中文外，还实现了英文、阿拉伯语、法语、俄语、西班牙语等多语种气象播报。全国31个省级气象局的天气预报电视节目达到近500个。

我国电视气象传播制作技术和设备，大致经历了手工制作、微电子技术、 模拟技术、数字技术及高清技术阶段。目前，国家级气象影视中心已建成包括高、标清数字化演播系统、非线性编辑系统、播控系统、计算机网络系统、媒资管理系统、卫星通信系统在内的气象影视数字化系统。31个省级气象部门逐步配备了数字化气象影视制作系统。

目前，我国电视气象服务节目基本形态主要有：气象信息服务类、气象新闻资讯类和气象专题专栏类。气象信息服务类节目主要采用主持人讲解与图文灵活结合的表现形式；气象新闻资讯类节目通过丰富、直观的现场画面、专家连线等多种形式，对国内外天气气候事件发展演变形势进行综合报道；气象专题专栏类节目主要包括专家访谈、科普专题片、生活服务信息等多种形式。随着电视气象节目不断创新，这三种基本形态的节目既独立存在又互相融合，全方位、多角度的为公众提供气象预报预警服务，提高防灾减灾综合能力。

我国电视气象传播业务系统，主要是以计算机图形图像、网络工程、计算机存储、电视节目制作和播送技术为基础，实现电视气象服务节目制作、播出和技术支撑的实时业务系统。包括：电视气象节目演播室制作系统、电视实时气象图形图像制作系统、气象新闻节目制作播出系统、电视天气预报图文节目制作系统、气象影视后期编辑制作系统、气象影视媒体资产管理系统、气象影视节目采集收录系统、灾害性天气现场直播系统、中国气象频道总控系统、中国气象频道节目播出系统、中国气象频道本地化节目插播系统。

（3）超短波气象传播。1984 年，超短波天气警报传播气象信息系统正式定型生产，当年就建立了 3 个广播台，接收用户达 73 个，到 1995 年建设广播台达 1320 个，用户达 95384 个，1314 个县建起了农村天气预报警报信息传播网。天气警报系统建设，1998 年最高时达到 1343 台站，此后逐年下降，2000 年降至 841 个发射点，进入 21 世纪初很快被气象短信服务取代。

气象无线寻呼台传播气象信息，从兴起到消失时间很短。1992 年，北京首先建立气象无线寻呼台，到 1995 年全国气象部门已建 76 个气象寻呼台，其中辽宁、河南分别达到 20 个、16 个，每天向用户发送天气预报。1999 年以后，随着全国气象短信息平台的逐步建立，气象寻呼传播很快退出市场。

（4）电话气象传播。1965 年，北京市气象台与北京市电话局合作开通建立了 121（原为 123）天气预报电话询答服务，全国大城市相继开通电话询答气象信息系统。1995 年，部分省市 121 电话气象传播服务系统升级，从而带动了 121 电话气象传播服务的快速发展，到 1998 年全国 1488 市（含省会城市）县开展了电话气象传播服务，另具有经营性质的 160、168 电话设天气预报答询的单位达 144 个。到 2002 年，全国电话传播气象信息拨打达到 7.38 亿人次，到 2008 年最高时达到 25.3 亿次，此后逐年下降，但仍然是气象传播的重要载体。

电话气象传播在地域分布上，电话气象服务以城市区号为单元，以电话为载体，实现气象信息对社会的快速发布，并以其方便、快捷、准确的特点，满足用户随时获取本地气象台最新发布气象信息的需要。

电话气象传播在系统组成上，电话气象服务系统融合了CTI（计算机电话集成）、IVR（交互式语音应答）、TTS（文本和语音转换）等多项技术集成，为用户提供便捷的气象信息获取渠道。

电话气象传播在服务方式上，电话气象服务一般由语音自动答询和专家人工答询两部分组成，用户可以根据系统提示自主选择语音自动应答服务，也可以选择专家电话咨询服务。“12121”和“96121”电话气象服务系统均以语音信箱服务为主，人工服务为辅。

电话气象传播“12121”系统面向绝大多数公众用户，提供短期预报、天气实况、天气指数、周边城市、旅游景区等预报和实况信息服务，满足公众的一般性、普适性需求；而“96121”系统作为更加深化的气象信息服务的补充，为有更特殊需求的用户提供更详细具体、时效更长、专业性更强的延伸拓展气象信息服务，满足公众的个性化、特殊性需求。各地电话气象服务因地制宜，根据重要事件也会推出特色服务。

（5）网络气象传播。20世纪90年代初，气象部门就开始利用网络传播气象信息产品，1992年国家气象局开通了至中南海的光缆传输系统，全国省级气象部门亦开始在当地党委政府机关建立气象传播服务终端。到1995年省级政府安装终端达到101个，地级政府安装达142，以网络形式为用户提供气象服务。随着互联网的快速发展，1997年1月中国气象局开通了Internet，6月建立了中国气象局网页，两年内中国气象局下属单位全部开通建成，并实现了网络互联。全国省级气象部门迅速开通Internet，建立部门网站。到2002年全国气象部门建立气象信息服务网站达362个、农经网站330个、其他网站49个。气象网站建设发展非常迅速，到2005年全国气象部门建立气象信息服务网站达742个，农经网站达1198个，其他网站3649个，年累积点击达3.5亿次，网络传播气象信息取得了崭新发展。

伴随着我国网民及网络普及率逐年稳步增长，通过网站获取气象信息的网民人数不断增长。2012年1月，天气网独立用户数达到6400万，2015年10月，独立用户数达到7700万。2015年4月，网站用户达到峰值 1.09 亿。相当多的公众已经形成通过网站获取气象信息的习惯。据调查，通过中国天气网获取气象信息的民众约占 30%，其中城市通过网站渠道获取气象信息的用户高于农村用户，这与全国互联网城市网民与农村网民的人数占比基本一致。

截至 2016 年 6 月，中国网站总数为 454 万个，通过百度搜索“天气”“天气预报”等关键字，可得相关结果约 1 亿个，涉及传播气象信息的网站 5000 多个。通过百度搜索国内传播气象信息的网站，据统计约有三分之一网站的信息来源于中国气象局。目前，各家网站提供的气象信息多集中于天气预报（包括旅游天气、交通气象等）、空气质量监测信息、各类生活指数、雷达卫星图片、天气资讯等。官方网站还提供灾害预警信息。据研究，大部分气象信息来源不明的网站其气象信息的可信度较低。随着气象信息传播法规的实施，网站气象信息来源有向正规渠道发展的趋势，但总体变化不是很大。网站传播气象信息整体水平逐年提高，部分网站的版面趋向于更加简洁明了，提供的信息更加集中于天气预报信息，非预报信息的版面减少，网站所传播的气象信息趋势为更便捷、更简明、更贴近生活。更多的网站在其页面增加了天气预报插件，为大众提供便捷获取气象信息的渠道。

网络气象传播的基本特点是“一地建网，全网服务”，以计算机应用技术、网络工程、手机应用程序开发等技术为基础，通过网站、智能手机客户端等手段准确、及时、快速传播气象服务信息。

网络气象传播主要是通过网站、插件、客户端、微博微信等服务方式来实现气象信息的发布和传播。

网站气象传播，主要包括气象服务门户网站和综合门户网站天气专栏或频道两类。由气象部门建设的权威性气象网站，包括中国气象网、中国天气网、中央气象台官网、中国兴农网和中国气象视频网以及各省（区、市）气象部门建设的地区性气象服务网站。气象服务门户网站主要向社会公众提供常规天气预报、天气实况、灾害性天气警报、相关气象资讯和防御科普知识等。

社会其他网站主要是与气象服务门户网站建立起公众气象信息和灾害性气象预警信息联动传播机制，开辟天气相关的专题栏目和天气频道等，包括新华网、人民网、央视网、新浪网、腾讯网等数十家大型综合门户网站，实现了公众气象信息借助媒体网络平台和社会资源的服务广覆盖。

天气插件气象传播，一些中小型网站和部分个人博客页面主要使用定制化天气插件传播天气预报信息，天气插件灵活多变、使用方便、内容丰富，为中小型网站发布气象服务信息提供了便利条件，扩大公众气象信息覆盖面。

客户端气象传播，是指通过开发智能手机、平板电脑、网络电视、智能终端的气象信息服务应用程序，通过网络或者移动互联网实现随时随地向用户提供定制化的气象信息服务方式，既可以由终端用户主动查询信息，也可以向终端用户针对性推送信息。

微博微信气象传播，是通过微博、微信等新型社交网络服务平台建立基于用户关系的网络气象即时信息传播、分享的服务平台。包括各级气象部门在国内主流微博平台上开通的官方微博，在微信平台上建立的气象信息服务公众账号，针对用户定制化、个性化需求，提供每日天气预报、短时临近天气预报、灾害性气象预警信息、重要天气消息、防灾减灾知识等，将被动推送与主动查询相结合，方便用户随时随地获取气象服务信息，并通过用户的主动分享，扩大公众气象信息覆盖面。

（6）报刊气象传播。新中国报刊传播气象信息始于1956年，报纸期刊一直是气象传播的重要方式之一。1989年创刊的《中国气象报》是国内外唯一的气象专业报纸，1981年创刊的《气象知识》是专门向公众提供气象服务信息的代表性期刊，全国地级以上党政部门主办的报纸都刊登有气象预报信息，在20世纪90年代一些报纸还开辟有气象信息专版。到2002年，全国传播气象信息的报刊达到948种，2003年以后，传播气象信息的报刊种类稳定在1000种以上，2013年最高时达到1471种。

报纸气象传播，从版式上划分可分为报头、专栏、专版三类。全国报纸气象传播服务形式多样、各具特色，栏目内容丰富多彩，有城市天气预报专栏、国内外天气综述、天气新闻、旅游天气、周末天气、郊游天气、赏花天气、天气访谈、气象防灾减灾专栏、气象科普知识、天气与养生、天气与服装、天气与电力等多种形式，气象信息表现方式主要为消息、数据、信息、图表、专题、深度报道等，基本满足了各类报纸的差异化服务需求。

报纸气象传播，不受传统电子媒介线性模式的限制，报纸的版面容量较大，保存时间长，传阅率、翻阅率高，受众广泛；报纸气象传播，一般本地气象信息为主，文字与图表并重，专题报道、连续报道、图表集纳等方式多样，具有信息密集、实用性强、服务理念明确的特点。这在重大节假日气象信息传播、重要活动等天气专辑以及某些时令节气等专题性报道中体现得尤为明显；报纸气象传播新闻性强，以传播气象预报预警信息为重要服务手段，专题报道、动态报道突出了气象预报的新闻性，气象新闻图片、气象漫画的运用、信息图表的创新运用强化了气象信息的易受性。

（7）手机 APP 气象传播。也是一种网络传播形态，但作为新媒体的代表形式，手机 APP 近两年表现出了强劲的发展势头，气象类 APP 是网络时代下催生的气象传播的新载体形式。利用关键词“气象”“天气”在几大主流手机助手中检索，截至 2017 年 1 月，初步统计结果显示，气象类 APP 约 600 个。推出气象类 APP 公司类型可分为两类：一是专门从事 APP 开发的专业性公司，如墨迹天气、365 日历；第二类是综合性公司，包括中华万年历、天气通、360 天气、黄历天气、GO 天气、最美天气、知趣天气、中国天气通、天气预报、易天气、MIUI 天气、懒人天气、点心天气、天气相机、365 桌面天气、彩虹天气。

从综合下载量来看，排名第一的墨迹天气下载量达到 3.99 亿次；总体来看，前 20 名左右的气象类 APP 占据绝大部分的用户份额，此后的气象类 APP 份额很少。其中前 10 名气象类 APP 占据了 90% 以上的份额，分别是墨迹天气、中华万年历、天气通、365 日历、黄历天气、360 天气、GO 天气、最美天气、知趣天气、中国天气通（图 4.1）。

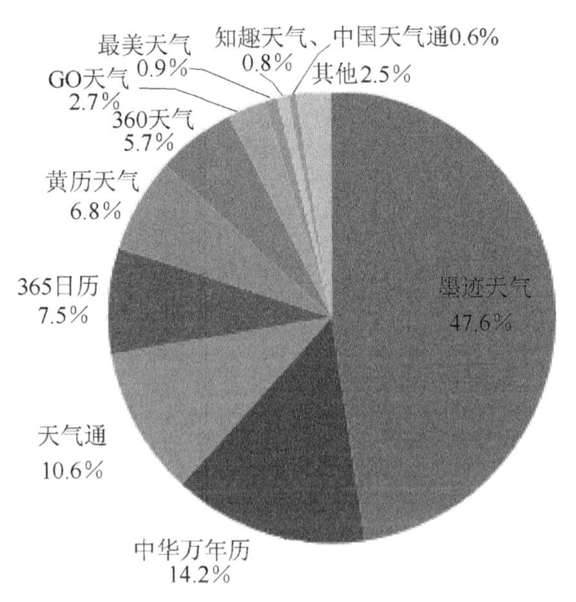

图 4.1　气象类 APP 综合下载量份额分布

从前 10 名气象类 APP 的服务功能来看（表 4.1 和表 4.2），预报项目，包括温度、湿度、天气、风力、空气污染是各气象类 APP 的核心功能，也是气象类 APP 的基本功能；各类与气象相关的指数、语音播报等功能，可以让用户更直接获取所需的内容，成为提高用户黏性的重要功能；天气分享、辅助纠正（用户纠错）等能够覆盖社交网络的功能是提高用户参与的重要手段。

表 4.1　气象类 APP 功能对比

		墨迹天气	中华万年历	天气通	365 日历	黄历天气
预报项目	温度	★	★	★	★	★
	湿度	★	★	★	★	—
	天气	★	★	★	★	★
	气压	—	—	—	★	—
	风力	★	★	★	★	★
	空气污染	★	★	★	★	★
	日出日落	—	★	★	★	—

续表

		墨迹天气	中华万年历	天气通	365 日历	黄历天气
指数	化妆指数	—	—	—	—	—
	洗车指数	—	★	★	★	—
	穿衣指数	★	★	★	★	—
	紫外线	★	★	★	★	—
	运动指数	★	★	—	★	—
	感冒指数	★	★	—	★	—
	其他指数	—	旅游指数等七个	雨伞指数	空调指数	—
限行尾号		★	—	★	—	★
预报天数		5 天	5 天	5 天	5 天	5 天
曲线图		★（多种）	★	★	—	★
天气分享		★	★	★	—	★
语音播报		★	—	★（明星、用户）	—	—
辅助纠正		★（实景）	—	★（实景）	—	—

表 4.2　气象类 APP 功能对比

		360 天气	GO 天气	最美天气	知趣天气	中国天气通
预报项目	温度	★	★	★	★	★
	湿度	★	★	★	—	★
	天气	★	★	★	★	★
	气压	—	—	—	—	—
	风力	★	★	★	★	★
	空气污染	★	—	★	★	★
	日出日落	—	—	—	—	—
指数	化妆指数	★	—	★	★	—
	洗车指数	★	—	★	★	★
	穿衣指数	★	—	★	—	★
	紫外线	★	—	★	★	★
	运动指数	★	—	★	★	★
	感冒指数	★	—	★	★	★
	其他指数	过敏指数	—	旅游指数	晾晒指数	晾晒指数等 4 个
限行尾号		—	—	—	—	—
预报天数		7 天	6 天	6 天	5 天	6 天
曲线图		★	—	★	★	★
天气分享		★	—	★	★	★

续表

	360 天气	GO 天气	最美天气	知趣天气	中国天气通
语音播报	★（定时）	—	—	—	—
辅助纠正	★(用户纠错)	—	—	—	—

说明：★代表有此项功能，—代表无此项功能

手机气象传播功能越来越强，受众可在任何时间、任何地点获取基于位置的实时气象信息。当有重要天气预警信息发布时，手机作为应急预警发布渠道，可以分区域、定点发布，并确保用户能够第一时间获取预警信息，及时采取必要的防护措施。手机几乎是受众的随身物品，绝大多数的用户不会卸载手机正在使用的正常应用，因此手机气象传播将显著提升用户对使用气象服务的忠诚度接受率。

手机气象传播具有受众面积广、交互性强、信息接收方式多样等特点。根据有关统计到 2018 年 6 月，我国手机网民占网民 98.3%（见图 4.2），足以说明手机传播信息的巨大优势。气象信息传播速度更快捷、渠道更顺畅、时空分辨率更高、用户需求针对新更强，手机气象传播从表现形式，可实现文字、声音、图片、影像、软件程序等多元化方式。

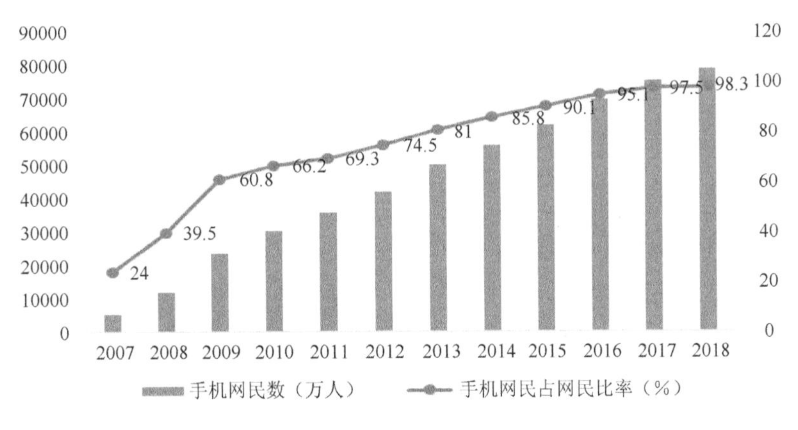

图 4.2　历年手机网民占网民比率

手机气象传播电信运营商的移动通信网络，以短信、彩信的形式向用户发送气象实况、预报或预警信息。手机气象短信短小精悍、言简意赅；手机气象彩信是以图片配文字形式呈现，一般用分页的方式显示。手机短、彩信在 10 年前曾是气象部门开展公众气象传播的重要手段之一。

手机客户端气象传播，基于移动互联网和智能手机平台，以APP客户端软件的形式向用户提供气象服务的载体。手机气象客户端主要支持iOS、Android、WindowsPhone等智能手机系统平台，可通过手机软件应用商店下载使用。同时，作为最重要的生活类服务内容之一，大多数手机厂商在手机出厂时均会预装天气应用，以满足用户的基本需求。

WAP网站气象传播，通过手机浏览器访问、可适配手机屏幕分辨率的气象服务网站。中国气象局公共气象服务中心提供的手机气象服务WAP网站可提供全球超3万个城市天气预报，发布天气灾害预警和详细的天气实况及AQI空气质量，提供多种气象因子变化趋势、27种生活指数及生活提示，还有丰富的天气生活视频和气象科普等节目。

（8）微博气象传播。微博气象传播也是一种全新的信息传播形式，气象部门官方气象微博发展很快。最早开办官方气象微博的深圳市气象局，于2010年11月开办了“深圳天气”。从国家级到省级气象部门的官方微博，集中开设于“微博元年”后的第二年或第三年，即2011年、2012年。从2010年至2016年，气象部门官方微博已发展了7年。在新浪微博以“气象”为关键词搜索账号（截止到2016年10月15日），搜索结果显示有26617个账号。其中“机构认证”账号1914个，“个人认证”用户617个。同时，在新浪微博以“天气”为关键词搜索账号（截止到2016年10月15日），搜索结果显示有291176个账号，其中“机构认证”账号11325个，个人认证账号798个。两个检索结果互有交叉。其中，“机构认证”账号中包含各级气象部门开设的官方微博918个，其余均为气象相关组织、社会企业、民间团体等机构微博。

（9）微信气象传播。微信公众平台在气象传播方面具有很多优势，一方面可以利用图文或者影音的形式为用户提供气象信息，另一方面，微信公众平台更是用户积极讨论交流的平台，许多气象专业人士或者爱好者，通过微信公众平台可以相互讨论有关气象专业知识。同时，微信公众平台可以向用户推送气象信息，这就使得天气预报信息的推送具有了主动性，省掉了用户自己查找获取信息的时间，用户可以在第一时间了解天气状况，为出行和生产生活做好充足的准备，也改变了传统传播样式的单一性。

因此，微信气象传播一推出就受到公众的欢迎。根据统计数据显示，2017 年，气象部门微博 / 微信数量达到 77952 个。根据人民网舆情数据中心发布的气象系统双微排行榜显示，2017 年，排名前 9 位的分别为深圳天气，中国天气，中国气象局，气象北京，中国气象科普网、广州天气、江淮气象、江苏气象和龙江气象。截至 2018 年 5 月，微信城市服务中气象类服务累计用户数最多，其中，天气预报、降雨预测累计用户数分别达到 1711 万和 1091 万。

微信气象传播，微信用户可通过关注气象微信服务号随时随地的获取城市天气预报信息，并可查询气象生活指数、预警信息、天气雷达、卫星云图、天气趋势等众多服务功能模块，以及接收每日推送的天气资讯信息等。

除上述传播载体外，还有人们比较常见的其他传播载体，主要包括标语、展板、板报、挂图、普及性的气象技术书籍以及小册子等正式或非正式的印刷品。还有气象预警大喇叭信息发布系统，具有信息发布及时、布点针对性强等特点，能够在很短的时间内向社会提供灾害发生的时间、种类和区域，以便公众采取有效措施应对，对防御气象灾害，避免和减少灾害造成的损失有很大的作用，成为我国广大农牧区接收气象信息特别是灾害性天气预警信息的重要手段，在基层地区防御气象灾害工作中仍发挥着重要作用。因此，尽管气象传播载体越来越丰富，但是任何载体一旦出现，如果不能被新载体形式完全取代，这种载体就会传承下来，或以新的形式产生作用。

4.2　气象传播不同载体效用比较

4.2.1　气象传播载体类型

气象传播与人类社会的发展密切相连，依据气象信息的传播形式及其普及性，对现阶段在气象传播中所利用到的传播载体按照其功能，可以进行以下简单分类。

（1）口头传播载体。无论现代传播载体如何发达，口头气象传播仍然是一种最有效的传播方式之一。现在利用口头传播气象信息，主要形式有气象科技讲座、论坛、现场会议和咨询等，包括气象科技知识短期培训班、专题讲座、科技报告会、经验交流会、专题讨论会、现场参观等多种形式。传播受众通过亲自参加这些面对面气象传播的活动，可亲自看到和听到一些新的气象知识和气象技术信息的成功经验，可以增加亲切感和认同感，因此也比较容易接受新技术信息。

（2）小众传播载体。一般来讲，传播范围相对小一些，受众群体少些，故称为小众传播载体，其主要形式有有线广播、黑板报、展板，活页资料、小册子、传单等形式的气象信息产品，以及光碟、录像带、录音带等气象音像制品。现在很多社区、居民小区或电梯间、楼道间，经常推出一些宣传移动小展片，让气象传播随人行，这就是小众气象传播载体的优势。

（3）实物传播载体。气象实物传播载体，往往更能满足受众的参与感和体验感，是一种比较有效的气象传播形式。气象科技展览会和气象科技博览会上的气象科技产品，在这种特殊场合下，气象科技产品充当的就是传播气象科技信息的载体。在气象传播中实物载体是一种经常用到，且非常见效的传播形式。气象科普基地、科普气象站、气象科普馆、气象台站对外开放参观等，从一定意义上讲，都是以实物为载体的有效气象传播形式，这种形式在气象科技信息传播中起到了非常好的作用和效果。每年全国科技活动周和世界气象日，全国各级气象台站对社会公众开放，气象科技实物载体传播科技知识发挥了重要作用。

（4）大众传播载体。大众传播载体主要是指报纸、杂志、广播、电视等传播载体，这些传播载体传播信息具有速度快、范围广、影响大，传播对象不特定等特点。气象大众传播载体主要包括气象科技书籍、气象类报纸、杂志、气象电视频道或电视气象节目专栏、气象广播节目、气象科教电影等。

（5）电信传播载体。电信传播是指利用电子技术在不同的地点之间传递信息的方式，电信包括不同种类的远距离通讯方式。电信传播既有点对点的传播，主要包括无线电、电报、电话、短信、数据通讯，也有大众传播，主要包括用于大众传播的广播、电视、计算机网络通讯等。电信高效、可靠的传播方式在人们经济社会活动以及日常生活中得到广泛应用。回顾电信传播发展历程，可以说任何一种电信传播新技术一经产生就会首先应用于气象传播。

（6）新媒体传播载体。一般意义上的新媒体载体主要包括在线的网络媒体和离线的其他数字媒体形式，严格地说，新媒体应该称为数字化新媒体。新媒体载体是一个相对概念，在气象传播中所论及的新媒载体主要包括网络媒体、移动端媒体（电脑、手机）、数字电视、数字报纸杂志、有数字化的传统媒体等，涵盖了所有数字化的媒体形式。以互联网为代表的新媒体载体是近些年发展的方向和趋势，气象传播对新媒体的有效利用促进了中国气象信息服务业的发展。

上述传播载体分类，看似有一定交叉，其实在传播功能上各有侧重。在此基础上，气象传播媒体载体还可以进一步细分。气象传播媒体载体按其发展阶段来分，大体可以分为气象传统传播媒体载体和气象现代传播媒体载体两类。按传播介质来分，可以分为传统纸介质传播媒体载体和现代电子介质传播媒体载体。按载体形式细分，则又可以细分为以下诸类。

表 4.3　气象传播媒体载体细分类别

序号	类型	内容
1	气象小众传播载体	包括有挂图、黑板报、展板，活页资料、小册子、传单、日月年历等形式传播气象信息载体。
2	气象报刊传播载体	包括载有传播气象信息的日报、周报、月报、晨报、晚报、专报和各类刊物等。
3	气象实物传播载体	包括气象科普基地、科普气象站、气象科普馆、气象台站对外开放、展示的各类气象技术实物等。
4	气象图书传播载体	包括气象科技书籍、气象科普读物、气象文化类书籍。
5	气象广播传播载体	包括传播有气象信息内容的各类电台、有线广播和气象专用电台。

续表

序号	类型	内容
6	气象影视传播载体	包括有气象频道和传播有气象信息内容电视节目、电视台、气象科技影视片等
7	气象音像传播载体	包括载有气象信息内容的光碟、录像带、录音带等音像制品。
8	气象电信传播载体	包括用传播气象信息包括电话、电报、高频电话、寻呼台、短信平台等
9	气象网络传播载体	包括各类传播气象信息网站、微信、微博、手机 APP 等
10	口头传播载体	包括气象课堂讲座、气象科技讲座、论坛、现场会议和咨询等

4.2.2 气象传播载体效用比较

传播效果是指传播对接受者行为所产生的有效结果。具体指受传者接受传播的信息后，在知识、情感、态度、行为等方面发生的作用和变化，通常意味着传播活动在多大程度上实现了传播者的意图或目的。传播效果是一切传播活动的根本，不管有意还是无意，一切传播活动都是为了特定的目的，也就是说为了特定的传播效果。影响传播效果的因素很多，传播载体就是其中重要影响因素之一，而且不同的传播载体会有不同的传播效果。

1. 传播载体一般效用

传播学对各类型媒介的研究结果认为，书面资料、听觉信号和电视信号在劝说受众接受信息和通过教育提高受众的认知能力中最为有效。电视图像在改变态度上最有效，其次是听觉信号，书面资料容易学到和记忆，在传播复杂气象信息和气象科技信息时更为有效。

在气象传播中，实物载体传播是特别重要的一种方式。实物载体传播的特点是让人身临其境，具有立体化、看得见、摸得着，可以得到全方位的感受，这种传播方式更便于公众参与，并得到记忆深刻的效果。如各种规模和层次的气象展览会、气象博览会、气象产品交易活动等等，在传播气象信息方面有着不可低估的作用。

在气象技术信息传播中，尤其直接面对基层受众，一些比较简单的传播载体通常更为有效，如有线广播、活页资料、小册子、小挂图、黑板报、展板、录像带、录音带等。在气象灾害技术传播中，大众传播媒介往往更为有效。例如在防雷技术传播中，不仅大众传播媒介得到了高效利用，而且各级政府积极组织推广，防雷技术专家广泛参与，在一些地区防雷技术推广到每个城市社区和农村每个村组，从而大大降低了我国雷电灾害的发生。

气象影视作为一种综合性载体，具有形象、鲜活、直观等特点，观众易于理解和接受。应用电视开展气象科普宣传，具有传播速度快、受众面广，直观易懂，感染力较强等明显优势。利用电视传播科普知识，受众接受程度高，是一种好的传播方式。

网络、微信、微博、客户端等综合了传统媒介的许多优点，是城市气象信息传播的最有效手段之一，在部分农村推广还有较大难度，但利用网络和新媒体传播气象信息已经成为发展的方向和趋势。近些年来，我国城乡网络通信发展非常快，利用网络、微信、微博、客户端等手段传播气象信息的优势越来越明显，已经成为人民群众最方便、最快捷获取气象信息的途径，特别是智能推送，使气象信息时时处处伴随人们的生产生活，真正实现了气象服务“无处不在”的理念。

2．现代大众传播载体效用分析

目前，在气象信息传播载体中，报纸、电视、网络和手机占有主要地位，下面分别就其效用进行综合分析。

（1）报纸的传播效用。报纸自诞生以来，就很快成为普及性最广和影响力最大的传播载体，也是最有影响力的传统传播媒介之一。随着时代的发展，报纸传播气象信息的内容越来越丰富，形式越来越多样，品种越来越多，版式更加灵活，印刷更精美，并在不断发展中集合了很多优势：

一是权威性高，消息准确可靠。这是报纸获得信誉的重要条件，大多数报纸历史长久，尤其是由党政机关部门主办，在群众中素有影响和威信。因此，经由报纸传播的气象信息往往在读者中具有很高的信任感。

二是信息量大，说明性强。报纸作为综合性内容的传播载体，以文字符号为主，图片为辅，容量较大。由于以文字为主，因此说明性很强，可以详尽地描述，对很多关心气象信息的读者来讲，利用报纸可以详细了解天气预报、气象预警或气象灾害等相关信息。因此，在 20 世纪 90 年代后期至 21 世纪初，大量报纸开辟气象专版或气象专栏。

三是易保存，可重复阅读。由于报纸的特殊材质及规格，相对于电视、广播等其他媒体，具有较好的保存性，而且易折易放，携带十分方便。一些人在阅读报纸过程中还养成了剪报的习惯，根据各自所需分门别类地收集、剪裁信息。这样，无形中又强化了报纸信息的保存性及重复阅读率。这在气象科普知识和气象防灾减灾知识等传播上别具优势。进入数字传播时代，报纸的优势逐渐被新的传播形式取代。

近几年来，随着科技创新成果层出不穷，新媒体迅猛发展，使得传统报纸的生存和发展环境发生了巨大变化。各大报业正在探索新的发展之路。历史上每一种传播载体形态的变迁都离不开技术的推动，技术发展为传播载体的形态变化提供了原动力和支持。

有专家研究认为，新的社会阶层分布使得受众阅读呈现细分化、碎片化趋势。要满足受众的差异化信息需求，实现对受众的无缝化覆盖，就应当改变过去单向的信息传播模式，建立双向、互动的信息传播模式，开发出多样态的传播终端。现代信息技术已经提供了这种条件，目前电子报纸在为读者提供阅读体验的同时，也为数字出版业实现内容产品的价值化、广告投放的精准化、用户服务的个性化提供了一种终端介质。电子报纸作为一种兼具数字化和传统报纸的载体，成为传统报业转型的一种选择路径。

另一种与电子报纸相类似的拓宽报纸功能、打破传统报纸传播局限的方式是云报纸。云报纸是用户借助手机等移动设备上的图像识别软件快速扫描报端的图片，获取存储在“云”上的音频、视频、动画以及网络购物等不限量信息并实现互动的全媒体报纸形态。云报纸的传播效果是通过图片显现出来的，因此很好地契合了当今读图时代的大趋势和热衷分享、“有图有真相”的新闻传播行为和习惯。云报纸可以将平面媒体与网络媒体高度融合，实现数据库式的全媒体展示。因此，拥有了一份云报纸，即等同于拥有一个由“广播＋电视＋网络”搭建而成的一个信息量巨大的传播平台。2013年5月，全国云报纸技术应用平台“云联盟”已经成立。

借助电子报纸和云报纸，报纸的传统内核已经发生了深刻变化。在气象传播上，从文字、图片到声音、视频及虚拟现实等手段将融为一体，以最快的速度、最真实的效果将气象信息内容传递到读者手中。

（2）电视的传播效用。电视从诞生到成为重要的新闻传播媒介，经历了不同发展过程。早期，由于受技术条件的限制，电视在新闻传播的时效性和传播范围上都受到限制。随着科技的发展，电视传播逐渐突破这些限制，呈现出它在新闻传播上的独特优势。到现在，它已成为当今世界上最重要的新闻传播手段之一。

在我国，电视在20世纪80年代、90年代就成为人们获知新闻信息的主渠道。据“1997年全国电视观众抽样调查”表明，人们对传统三大传媒的接触率高低排序依次为电视、报纸和广播；在人们收看电视的动机上，“了解国内外时事”成为当时观众收看电视的首要动机，超过了“娱乐消遣”。这种情况说明，随着社会发展，人们对新闻信息的需求日益强烈，电视人理所当然地将新闻传播作为自己的首要职能，当然包括传播全球各地的气象新闻，而且由于电视独特的传播特点，在发挥气象新闻传播功能上，与其他媒介相比，也具有诸多的传播优势，具体表现在以下三个方面：一是时效性强；二是具有较强的现场感；三是信息量大。

气象影视节目图、文、声并茂的优势，使气象预报预警信息的解读更加简洁、明了，传播效果明显提升；使气象科普形式更加多元、直观，深入人心；使气象公众服务覆盖面和影响力拓展和加强，防灾减灾的社会、经济效益明显。据国家统计局和中国气象局联合开展的多次全国公众气象服务满意度调查结果显示，公众获取气象信息的渠道，电视一直位于前列。

（3）气象短信的传播效用。继电视天气预报制作系统、“121”气象服务自动答询系统、微机气象服务终端、气象网站等开通之后，从2001年开始在气象部门不少台站逐步推行气象短信息服务。由于气象短信息具有内容丰富、传播及时、人情味浓郁、价格低廉等优点，一经推向社会，就受到了公众的普遍认同和广泛使用。气象短信主要通过对气象信息的采集、加工、包装，借助手机进行传播。为了充分满足手机用户对气象短信的当前需求和潜在需求，作为气象短信的编辑人员，并不限于制作和发布，而且都十分重视气象短信传播的有效性。

运用传播学的有关理论与方法，可以归纳揭示气象短信具有以下特征。

——科学性。气象短信来源于有发布气象预报资质和能力的各级气象部门，专业化水平是其他部门难以企及的。此外，气象短信的采集、加工、包装均按照严格的科学程序进行。从气象短信制作到其发布的全过程，都有专门的气象专家审定把关，因此具有极强的科学性。

——权威性。《中华人民共和国气象法》第二十二条规定，“国家对公众气象预报和灾害性天气警报实行统一发布制度”“各级气象主管机构所属的气象台站应当按照职责向社会发布公众气象预报和灾害性天气警报，并根据天气变化情况及时补充或者订正。其他任何组织或者个人不得向社会发布公众气象预报和灾害性天气警报。”根据《气象法》中的上述规定，气象短信只能由气象部门负责发布。从我国目前的实际运作来看，气象部门直接利用预警系统及时发布的气象短信，其权威性不容置疑。

——及时性。气象短信的内容相当丰富，既含有温度、降水、气压、风向、风速等常规气象要素信息，也包括对大风、冰雹、飑线、龙卷风等灾害性天气的信息。无论是常规信息还是特殊信息，都能以气象短信及时向用户发布。气象短信发布时次因未来天气状况不同而增减，一般情况下，其发布时次为一日两次；若遇灾害性天气，其发布时次加密，甚至可以每个小时发布一次。

——预警性。气象短信涵盖面较广，除了未来24小时、48小时天气预报之外，还包括节日问候、出行参考、防病治病建议等内容。尤其是在转折性天气和灾害性天气来临前，气象短信的预警性非常明显，是其他手段还不能替代的。

——贴近性。气象短信虽然字数有限，但文字准确简练，语言朴实、体贴入微，在传播的过程中体现出对其用户足够的“体贴性”。气象短信的编辑发布者会永远站在用户角度组织编排气象信息，并提醒用户在不同天气情况下的注意事项。

——趣味性。在保证气象短信内容科学、严谨的同时，其表述形式也不过于刻板，可以有较大的灵活性，适当增加其趣味性。由于天气现象与人类生活密切相关，可以通过类比、比喻、拟人、夸张等手法的运用，在气象短信传播中增强趣味性。

（4）网络的气象传播效用。1993 年，中国的第一条互联网专线正式开通。2003 年上半年用户达到 6800 万户，居世界第二位。2005 年上半年用户突破 1 亿。2008 年网民突破 2.5 亿，跃居世界第一位，到 2016 年，我国网民超过 7.3 亿，10 ～ 39 岁群体占整体网民的 73. 3%。网络传播作为一种新型的信息传播模式，已经成为多数人在生活、工作以及学习上不可分离的一部分，从而显示出其强大的影响力。网络传播具有传统传播载体无法比拟的优势，由于其多元化、丰富性、快速性、全球性等特点，迅速成为气象传播的主要载体。

以网络为代表的新媒介之所以在近年来大显身手，其中一个重要原因就是它具有传统媒介所不具有的诸多独特优势。即高速度、大容量、互动性、即时性、生动性、开放性、易检索性以及跨时间、跨边界、跨媒体等。实际上，网络传播的独特优势远远不止这些。随着网络传播技术的不断发展和成熟，网络传播的一些“特异功能”正在逐步展现出来，其中一个正在逐步凸显出来的最大特点是，网络传播可以把人类既有的各种类型的传播方式集合到一个面向全球的传播平台上，实现独特的综合传播功能，使气象信息的传播效果达到更高的层次。

目前，我国传播气象信息的网站已经相当普及。各大门户网站、搜索引擎、政府类网站的页面中气象信息均是其不可或缺的一部分。独立的气象类网站，不论是官方网站还是私营网站，近年来均发展迅猛，提供的气象信息表现形式越来越个性化，网站所传播气象信息内容的丰富性和信息量已远远超过传统传播载体。

（5）手机 APP 气象传播效用。气象类 APP 作为气象传播载体具有两大显著特征：一是时效性强。目前气象类 APP 的形式主要是通过对气象信息的及时推送来吸引受众。从表面上看，网络的即时性让气象信息的时效性几乎趋同，但时效性的影响依旧存在。网络可以使气象信息在第一时间发布，而受众却由于各种因素无法第一时间接收。手机移动终端降低了用户进入互联网的门槛。二是交互性好。气象类 APP 的天气分享、辅助纠正（用户纠错）等功能是交互性的一种体现。它能提供一种开放的双向信息流通方式，传者与受众之间可以直接交流信息。目前，手机 APP 传播气象信息基本实现了智能化推送，天气信息关怀无处不在。

气象类 APP 越来越成为传播气象信息的最主要途径之一。中国互联网络信息中心在 2016 年 8 月公布的第 38 次中国互联网络发展状况统计报告中指出，一方面移动设备上网的便捷性，降低了互联网的使用门槛，另一方面，移动互联网应用服务不断丰富、与用户的工作、生活、消费、娱乐需求紧密贴合，推动了 PC 网民持续快速向移动端渗透，手机网民规模持续扩大，可以预见气象类 APP 具有越来越广大的用户群体。

（6）微博气象传播效用。微博是 Web2.0 时代下新媒体的新兴产物。微博是基于有线和无线互联网终端发布精短信息、与其他网友共享的即时信息网络，其本质是一个基于用户关系的信息分享、传播以及获取平台，由于用户每次用于更新的信息通常限定于 140 个字符以内，故此得名。微博突出的核心理念在于信息的即时性、信息的共享性，以及基于前两者所形成的动态信息传播网络。

微博气象传播有以下四个特点。

一是及时性与碎片化，即时信息是微博所能提供的最为独特的信息类型。由于 140 字的篇幅限制，微博的内容和信息量受到一定局限，其传播呈现出“碎片化”特点。这种及时性与碎片化的特点，在微博气象信息传播中同样存在。因为气象信息传播本身需要滚动更新、及时发布，微博的平台特点有利于气象信息的及时传播，可以极大地提高信息发布、传播和接收的效率，实现信息传播的“零时间”，为防灾减灾工作赢得时间和主动。

二是高度的共享性与互动性。微博由于其信息传播的互动性较强，气象部门官方与公众的互动过程，基本上伴随着天气事件发生的始终。这与单向性较强的传统大众传播渠道相比，是最大的优势。实时的反馈互动机制，拓展了气象服务的维度。同时，微博气象传播是一个开放的信息平台，对于互联网用户而言没有任何信息接入的门槛，这与传统的大喇叭、手机短信等气象传播相比，共享性更高。

三是内容更丰富生动。虽然文字限制为 140 字，但通过微博平台传递的气象信息内涵远不止 140 字。通过图文信息、动态图片、插入视频、网页链接等方式，微博上的气象传播内容更为丰富和生动，改变了传统单一的气象传播方式，有助于实现气象传播的多样性、趣味性，让网友在喜闻乐见中接收和传播气象信息。

四是裂变式传播扩大覆盖面。由于微博气象传播具有转发功能，微博中的气象信息传播可形成裂变式的快速传播，具有“滚雪球”效益。尤其是在灾害性天气事件发生时，权威信息一经气象部门发布，在各种媒体、公众的裂变式转发中，滚动的气象信息可通过微博平台辐射式传播出去，大大增强气象信息的覆盖面和影响力。

在“人人都是传声筒”的微博场域，任何主体都可能成为气象信息的传播者。目前我国微博平台包括新浪、腾讯等，新浪微博平台上所开设的与气象相关的账号很多，由于发布、转发无门槛，在微博场域，气象信息传播者也有可能是每一个用户。以“天气预报”“气象预报”等关键词，在新浪微博平台进行检索，结果可发现，发布或转发此类信息的账号类型多样，除了气象部门官方微博之外，主要集中在各类媒体的官方微博账号、气象爱好者，一般公众、个人用户，多在天气影响到自身或极端灾害性天气成为新闻事件时发布或转发气象相关信息。

（7）微信气象传播效用。微信是腾讯公司于 2011 年 1 月，推出的一个为智能终端提供即时通讯服务的免费应用程序，微信支持跨通信运营商、跨操作系统平台，通过网络快速发送免费（需消耗少量网络流量）语音短信、视频、图片和文字，同时也可以使用通过共享流媒体内容的资料和基于位置的社交插件“摇一摇”“漂流瓶”“朋友圈”“公众平台”“语音记事本”等服务插件。

微信提供公众平台、朋友圈、消息推送等功能，用户可以通过“摇一摇”“搜索号码”“附近的人”、扫二维码方式添加好友和关注公众平台，同时微信将内容分享给好友以及将用户看到的精彩内容分享到微信朋友圈。截至2016年12月微信的月活跃用户数达8.89亿。2018年2月，微信全球用户月话数首次突破10亿大关。2018年6月20日，微信订阅号正式改版上线。

利用微信公众号传播气象信息，能够为公众提供更加方便更加有效的气象服务。用户只要关注该微信公众账号，就可以及时接收到持续更新的语音、文字、图片以及视频等形式的权威气象信息服务产品。

2014年9月，中国气象局办公室下发关于加强微信气象服务工作的通知，要求各省（自治区、直辖市）气象局和中国气象局各直属单位完善微信等新媒体气象服务业务体系，共同树立气象官方微信公众服务品牌。要求采取有效措施把微信打造成为气象预警信息传播、拓展公众气象服务方式、提高气象服务针对性水平、收集服务需求与建议的新平台，充分发挥微信在公共气象服务和城市防灾减灾中的积极作用，使气象微信成为各级政府和有关部门开展公共服务和社会管理的重要途径，以及气象部门拓展气象服务信息发布和传播渠道的重要手段。通过开通气象服务官方微信公众账号，定时推送天气预报、灾害预警、天气资讯、气象科普知识及部门工作动态；满足用户数据查询、知识问答、留言反馈等服务需求，调动用户积极上传实况图片、视频等内容；通过分析受众需求，提高产品针对性，改进气象服务质量。

统计数据显示，2017年，气象部门微博/微信数量达到77952个。根据人民网舆情数据中心发布的气象系统双微排行榜显示，2017年，排名前9位的分别为深圳天气、中国天气、中国气象局、气象北京、中国气象科普网、广州天气、江淮气象、江苏气象和龙江气象。

3. 传统媒体与新媒体传播效用比较

这里的传统媒体主要指在气象传播中运用比较多的报纸、广播、电视等大众传播媒介，新媒体主要是指发布和传播气象信息的网络媒体和移动端媒体。从传统三大媒体气象传播效用比较分析，各自的功能优势各有特色，既不互相取代，又可以实现互补（见表 4.4）。因此，在 20 世纪 80 年代、90 年代三大传播媒体发展都非常好，传统媒体在气象信息传播中发挥重要作用。

表 4.4　三大传统传播效用比较

报纸	广播	电视
视觉媒介 报纸的信息传递主要是通过印刷在纸张上的文字、图片，实现气象信息传播。	听觉媒介 广播传递信息主要是利用声音作用于人们的听觉系统，实现气象信息传播。	视听媒介 电视传递信息是通过声音和画面作用于人们的视觉和听觉系统，实现气象信息传播。
读者可以按照自己的习惯和兴趣阅读气象信息。	广播传播以时间为顺序的线性传播，听众只能按照其播出顺序收听气象信息，稍纵即逝。	电视传播以时间为顺序的线性传播，观众按照电视节目的播出顺序收看收听气象信息。
报纸信息可以反复阅读，当读者看到感兴趣的气象信息可以收藏报纸或做剪报。	广播信息相对难收藏，转瞬即逝，即使听众没听懂也基本没机会再重复收听，除非重播再听。	同广播
有利于做气象新闻的深度报道，适合传达深度气象信息和知识。	适合传递事实性气象信息、描述性气象信息。	适合气象场景再现，其声画并茂的优势，其他两种媒体无法比拟。
时效性差，由于其制作、传播方式决定其传播的速度不如广播、电视。	时效性强，直播节目几乎与气象事件同步进行。	同广播
信息接收方便	信息接收很方便	信息接收很不方便

由于新媒体的快速发展，充分显示了新媒体传播气象信息的巨大优势，通过以下（见表 4.5）与传统媒体效用比较，其优势则十分清晰，传统媒体传播气象信息面临重大挑战，一些报纸传播气象信息的专版专栏已经退出，电视和广播传播气象节目纷纷改版或改变形式。

表 4.5 传统媒体与新媒体传播效用比较

项目 \ 类型	传统媒介（报刊、广播、电视）	新媒介（网络、微信、微博、客户端）
气象传播时效	滞后性：传播气象信息需要经过采访、编辑、录制、审查等一系列程序后才与受众见面，受时空的影响。	即时性：传播气象信息不受时空影响，只要有微机、端口、手机等就可以实现即时传播，时效性强。
气象信息来源	可控性：受到外界的监督，有政府相关部门把关，气象信息来源可靠性高。	不可控性：气象信息可以自由传播，但良莠不齐，对受众识别能力要求较高。
气象传播方式	单向传播，互动性差：以传播者为中心，受众被动接受信息。主要以发布→传播→接受的模式。接受气象信息以视觉为主。广电媒介线性传播不利于受众延时接收气象信息。	双向传播，互动性强：受众主动接受气象信息，也可以在网络上传播气象信息。接受气象信息以视觉、听觉为主，具有多媒体特性。受众可以随时随意接收信息。
气象传播内容	内容受限：受传播载体的限制，气象信息容量有限。信息经过审查，准确性高。受众可选择性低。	内容无限：海量气象信息，信息随意性强，有用信息与垃圾信息多元共存。受众可选择性强。
气象传播可信度	信任度高：传统媒体多是政府机构型事业单位，以社会效益为主。但进入20世纪90年代，受商业传播影响，但总体可信度没有明显影响。	明确标明气象信息来源的可信度较高；但大多没有标明气象信息来源，可信度不高。

在传统气象传播方式中，图书、报刊、广播、影视作品制作过程比较长，传播的气象信息量相对固定，而且在介质的制作过程中需要投入相当大的成本。传统媒体采用一种或几种传播形式：报纸通过纸质媒介利用文字和图片传递新闻，广播以声音发送信息，电视借助画面播放节目。在报纸上只能看到文字、图片，在广播上只能听到声音，电视不宜作深度报道。网络媒体则兼容文字、图表、图片、声音、动画等多种传播手段保存信息、表现信息、发送信息，实现了数据、文本、声音及各种图像在单一、数字化环境中的一体化，具有传播方式多媒体的特点，这使受众从网络上“拉”信息时在媒介形式上也有了更多的选择。

与现代数字信息媒介相比，传统媒介的发展始终没有超越狭隘的产业界限，其在气象传播中的应用也相当有限。互联网在气象传播中的应用改变了现状。互联网与传统媒介共同组成庞大的信息网络，它们为交换和市场活动提供了广阔的信息平台，共享的理念和技术拆除了市场进入障碍，因而这个平台把交流交换活动的范围扩大到前所未有的地步。因为电子数字技术不仅是信息技术，它还更新了共享手段和信用体系，为气象产品和气象技术交换行为提供了全新的交流交易和结算方式，因而极大地提高了气象服务效率。但是，从人类传播长远发展来看，一种新的传播方式出现或流行，传统的传播方式仍然会以各种形式而续存，或者得到创新而发展。

4.3 气象传播载体多元选择

传播载体本身的形式，对气象传播内容有着比较重要的影响。由于气象传播的特殊性，在气象传播中，应当根据不同的气象传播内容、时间、空间和对象，对传播载体进行选择。气象传播者应根据传播载体的不同特点，结合不同的传播对象、不同的传播范围和不同的传播目的，有效地运用各种传播载体，以期达到最佳的气象传播效果。

4.3.1 气象传播载体选择原则

由于气象传播受众面十分广泛，受众结构非常复杂，而且直接关系到人民群众生命财产安全，在传播实践中，选择气象传播载体应遵循以下原则。

（1）受众本位原则。受众的生活方式决定了其媒介接收方式。在气象传播中，需要考虑不同受众的媒介接受能力和生活条件，选择最适合传播对象的媒介，可以更加有效地传播气象信息，提高传播效果。同样，基层受众在获取和发送自己的信息时，既要考虑气象信息传播的效果，也要考虑气象信息传播的成本，选择方便有效的传播媒介，使气象传播效果达到最大化，而付出的成本又相对最小。对一部分基层受众来说，可能更信任和习惯于接受传统媒介的传播方式。因此，作为气象传播者，应根据传播对象，选择适宜的传播媒介载体，从受众人群的角度来考虑问题，综合衡量基层受众的经济文化水平和媒介接受能力，一切从公众受众本位出发，不宜采取千篇一律的手段或载体传播。

（2）因地制宜原则。我国经济和社会发展极不平衡，东中西部存在着很大差距，而且各地地理人文因素也有很大差别。因此，在气象传播中选择合适的传播媒介载体，做到因地制宜，充分考虑地区差异，结合本地区的实际情况，选择具有地方特色和基层群众乐于接受的传播媒介载体。在传统媒介和新媒介的选择上，不能贪大求全，追求规模和档次，盲目地进行攀比，不可脱离当地的特点和实际情况。因为任何社会任何领域对传播媒介的选择，都有一个渐进的过程，都会自然地随着经济文化的发展向先进的媒介过渡。同时，综合考虑各级传播者和基层受众的因素以及各种媒介类型的优缺点，尽可能地取长补短，互为促进，利用更多类型更多层次的媒介载体共同服务于气象相关信息的有效传播。

（3）应急优先原则。有些气象信息的传播对时效性要求较高，比如气象灾害预警、气象相关天气预报等信息。考虑到我国大部分基层，特别是农村的现状，这类信息的传播就不宜采用纸质媒介载体，而更适合于广电媒介载体和电讯载体，或者通过网络媒介快速传播。因为广播电视在时效上则具有很大优势，在我国农村还要考虑到农民上网条件的限制，有些时效性很强的气象信息未必能够及时通过广电媒介传播。对于另外一些要求深度，但时效性不强的气象相关信息，则可以选择纸质媒介传播，或综合考虑多方面因素，选择在当时当地相对适宜和有效的媒介进行更为有效的气象传播。

（4）内容决定原则。选择气象传播的形式和载体，一般应由气象信息具体的传播内容来决定。在气象传播中，有的宜纸质媒介传播，有的宜电子媒介传播，具体选择什么媒介形式，应根据内容的长短、表达方式、理解的难易程度等因素来考虑选择。比如对于一些实用技术性的信息，单是用纸质媒介传播未必能使基层受众理解、接受，如果采用多媒体技术，制作成电视节目播放，或者通过网络媒介传播，其传播效果都要好于报刊、书籍等纸质媒介形式的传播。影视媒介的形象性和易于理解的特征，使其在气象技术信息的传播中具有明显的

优势

4.3.2　气象传播媒介转型发展

随着移动互联网技术的快速发展，以网络传播为代表的移动传播媒介对信息的生产、传播与消费模式带来巨大变革，原有的媒体传播格局被进一步打破和重构，气象传播环境也因此发生了巨大的变化。面对日新月异变化的媒体行业发展，近年来全国各级气象部门开展了微博、微信、手机客户端等多渠道气象传播。传统的气象媒体加快实现转型发展，以适应新媒体时代广大公众和社会各行各业对气象服务信息传播的新需求，提升公共气象服务影响力与效益。

（1）互联网时代传统媒体转型发展。当下，全球都处在一种新闻聚集的状态下，基本集中到几个影响力较大的平台上。根据中国互联网统计报告，近两年来，国内网络新闻的传播力逐渐被少数互联网巨头占领，如百度新闻（主要是手机百度信息流）、腾讯新闻（含天天快报客户端）、今日头条、UC 头条等。据 2017 年上半年不完全统计，UC 头条、百度新闻等日活跃用户达到 4000 万～ 5000 万甚至更多。以客户端为例，按照速途研究院的数据，2017 年上半年腾讯新闻的累计下载量是 25.4 亿，今日头条的累计下载量是 19.9 亿。即便是传统的权威媒体在传播覆盖率方面也难以与百度、腾讯新闻、今日头条等新型媒体相比。

在这样的大背景下，以纸媒、电视、广播为代表的传统媒体用户连续几年下滑。据央视索福瑞的调查数据，观众人均日收视时长从 2000 年的 3 个多小时减少到当前的 155 分钟，黄金时段总开机率逐年下降，已不足 20% 到 30%。传统媒体似乎集体遭遇到从所未有的生存危机，纸媒、二三线卫视广告收入断崖式下跌，报纸关停并转成为进行时，一些电视频道停播。传统媒体的生存空间被严重挤压，出现年轻用户流失和广告客户流失，随之而来将可能出现传统媒体人才流失和媒体影响力的日渐下降。报纸和电视传播力的格局也将随之做大的调整，传统报纸、电视、广播媒体必须加快寻找转型发展与变革创新之路。

（2）气象媒体融合是必然选择。近年来，国家高度重视推动传统媒体与新媒体融合发展，出台了一系列政策文件支持媒体融合发展，为媒体深度融合奠定了良好的政策和社会舆论环境。2014 年 8 月，中央全面深化改革领导小组第四次会议审议通过的《关于推动传统媒体和新兴媒体融合发展的指导意见》，要求，推动传统媒体和新兴媒体在内容、渠道、平台、经营、管理等方面融合，着力打造一批形态多样、手段先进、具有竞争力的新型主流媒体，形成立体多样、融合发展的现代传播系。2016 年 7 月，国家新闻广电总局印发了《关于进一步加快广播电视媒体与新兴媒体融合发展的意见》。

信息生产和传播技术的突破与创新，往往会促使媒介形态及其发展生态发生较大的改变。进入新世纪以来，以大数据技术、云计算技术、移动互联网技术以及数字传播技术为代表的新一代信息生产与传播技术迅速发展，这一方面催生出许多新的媒介形态，比如微信、QQ、移动电视、墙体广告、手机、网络直播等等，另一方面则有力地促进了传统媒体与新媒体的深度融合发展，比如，大数据、云计算等技术的发展与进步使得全媒体采编工作快速推进，移动直播、H5、VR、AR 等技术的发展与应用大大提升了多媒体采编播一体化技术等等。

根据《中国互联网络发展状况统计报告》，截至 2018 年 6 月，我国网民规模达 8.2 亿，其中手机网民规模占 98.3%。这意味着新媒体用户潜力巨大，成为媒体深度融合的“强引擎”。此外，当今媒体消费越来越成为一种主动文化消费，它的消费实现取决于消费主体的认可与选择，媒体用户需求呈现出个性化、互动化、多元化特点。这就给传统的媒体编播模式提出了挑战。过去那种“统一”编排、“强制”推送的媒体编播模式已不能满足媒体用户的消费需求，而推进传统媒体与新媒体深度融合有利于解决好传统媒体因“陈旧”的编播模式而失去大批用户的问题。

因此，报纸和影视气象媒体，必须加快思考和实践互联网时代融合发展，建立气象传播新模式，适应数字媒体发展大趋势，推进气象媒体融合发展。

（3）创新气象传播结构。构建新的气象传播体系，气象传播可以借鉴《人民日报》等媒体的做法，围绕采、编、发各环节功能板块，进行生产流程集约化整合，实现“一种原料、各自加工、同步推广”，形成“移动端讲快、PC 端讲全、电视端讲深、报纸端讲精”的融媒体传播格局。《人民日报》数字化终端集成了浏览新闻、开展思想政治学习、提供图书期刊借阅等功能，已成为重要融合传播平台，打通了“报、网、端、微、屏”各种资源，实现了全媒体传播。近些年来，着力打造气象融媒体业务平台和相配套的业务流程，实现气象各媒体（电视、网站、手机、报纸等）内部资源的共享共用，实现气象媒体资源与社会媒体资源的互联互通，实现国家级气象媒体资源与省级气象媒体资源的打通互用，推动了气象传播创新发展。

移动互联网技术、大数据、云计算技术的发展，促使传统报纸媒体和影视技术改革，适应新技术的发展态势，加强新媒体技术在气象传播直播中的应用和推广，有效扩大气象传播的受众影响力。特别是 4G、5 G 技术发展应用重塑媒体传播技术模式，只有再造传统媒体的采编发流程，才能实现制播技术的创新和融通型应用。

伴随着媒体融合发展的加速，在技术领域，涌现出诸如数据分析师、新媒体编辑等新岗位和工种，单一技能的采编人员和新闻写作人员，已经难以适应新形势发展需要，迫切需要大量既懂传统媒体又懂新媒体，既懂技术又懂管理，既懂官方话语体系又懂互联网话语体系的综合型人才。人工智能技术的应用可以实现智能写稿、智能分发，全媒体融合的传播形态需要更加复合型的人才。这些都需要气象传播统筹考虑，及早谋划，寻求发展的主动权。近年来，气象行业加强推进“报、网、端、微、屏”融合，取得积极效果。目前气象信息传播已经与新华网、人民网、新浪、腾讯、网易、今日头条、抖音等媒体或平台开展合作。当发生重要天气事件的时候，气象传播的内容借助这些有影响力的媒体或平台进行推送，大大提升了气象传播的影响力。

4.3.3 气象传播载体多元化融合

在信息技术快速发展的今天，气象传播整体呈现出媒体融合发展的传播格局。所谓融合发展主要体现在两个方面：

一是气象传播方式的多样化。传统媒体报纸、广播、电视等继续发挥着作用，人群相对稳定，但占比逐步减少；新兴媒体网站、手机APP、各类微传播用户不断扩展，成为主要传播渠道。

二是跨媒体、多媒体气象传播联动。由于跨媒体、多媒体气象传播的发展，气象传播方式正在深刻改变着传播格局，成为信息传播的主导模式。在气象传播领域，有研究者认为："气象信息传播进入了全媒体互动阶段"：报纸、广播、电视等传统媒体继续进行天气信息传播的改革，手机、网络等新媒体整合了文字、声音、影像、实时和非实时等表达方式，成了天气信息传播的新平台；网络融合、终端融合等技术使得在任何时间、任何地点，通过任意方式接收天气信息成为现实。

气象传播是一项全民共同关心的事业，气象信息共享涉及民生基本保障和全民生命财产安全。从目前我国国情看，许多现代化的气象传播设施，在基层许多群众可能还没有能力使用。因此，在信息网络建设与传输上，要充分考虑到当前社会大众的差异性，在发展新媒体传播气象信息的同时，还应继续发挥广播、电视、报刊、电话等大众传播媒介的作用。此外，一些小媒介以及实物媒介，在大部分经济不发达的农村地区更为实用。因此，在现阶段气象传播中，必须注重传播载体的多元化融合。

（1）合理有效利用各种传播载体。我国幅员辽阔，自然条件千差万别，经济发展不平衡现象突出，加之气象信息需求的全民性，可以说几乎没有具有适用于任何人的普适性气象传播载体。任何一种传播媒介都需要结合当地的生产生活状况，结合人民群众差别性需求，以使其在气象相关信息的传播中发挥最大效用。气象传播媒介的选择，直接影响着气象传播的效果。气象信息传播有一个向上与向下传播的问题，上传可以通过电话、电传、计算机网络等，而下传可以通过电视、广播或有线广播、小报、村头黑板报等。

计算机网络是一个新的渠道，但目前在基层许多地区还不可能作为传播渠道的主流。根据有关统计，到2018年6月，我国网民只有57.7%（见图4.3），还有5.8亿多人口没有使用网络，这些人口多为农民、老人和贫困人口，农村网民规模只有2.11亿，只占整体网民的26.3%。因此，气象传播既要热衷新媒体，又要关注不上网的群体人口。这部分人口除了年龄的因素外，上网技能缺失和文化水平限制是人们不使用互联网的主要原因，不过随着国民教育水平的提升以及互联网应用的进一步普及，我国互联网的普及率还会不断提升。

在气象传播中，各地区应该结合实际情况，充分利用广播、电视、报纸杂志、网络以及各种小媒介等各类渠道资源，把信息传播到群众手中，扩大气象信息覆盖面。特别在一些电脑普及率还很低、不具备上网能力的农村地区，更要注重利用好现有的广播电视网、有线广播、乡村黑板报、各类气象报刊等载体，充分发挥传统大众传播媒体作用，同时还应充分利用人际传播，发现和培养气象传播的志愿者、爱好者和热心人，进行有效的面对面的气象传播。各地可以举办多种多样的推广现场会，向群众宣传，让他们看得见、摸得着，调动他们采用新技术的积极性。在一些边远地区，可能还将使用一些最原始的载体传播气象信息，如在应急情景下敲锣、击鼓、口哨等方式传播气象信息，使群众在应急情况紧急逃生。

（2）大力普及先进传播技术。在城市和在一些经济相对发达的地区，可以重点发展气象信息传播网络，使新媒介在气象传播中发挥优势。现代科学技术不断地向前发展，信息量也在不断地扩大，信息更新的速度也越来越快，气象相关信息也随之不断增加和变化，通过发展气象信息网络，能够及时准确地为群众提供气象科技发展的最新信息，拓宽他们的视野，提前获得最新的科技成果，从而推动气象技术应于经济社会发展。

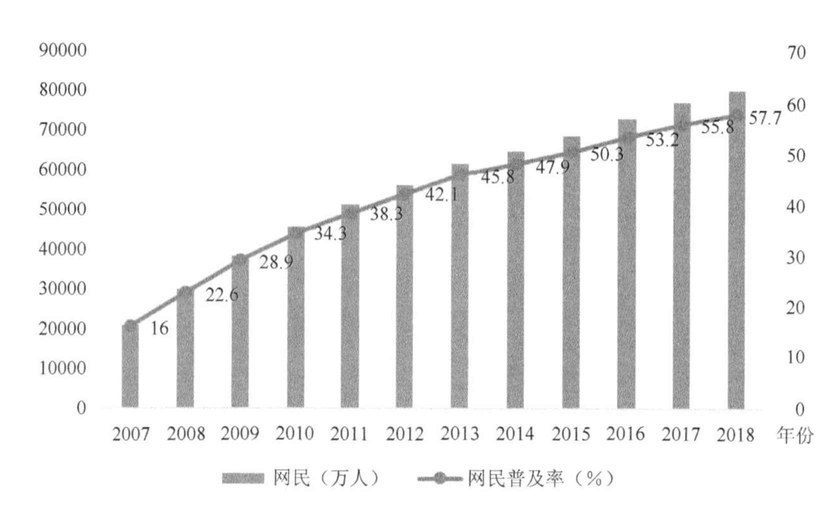

图 4.3　我国网民人数及网民普及率调查

但由于基层群众整体文化水平差别较大，虽然电脑和手机操作越来越简单，但对于大多数基层群众来说，仍然需要学习和指导。可以发展和推广适合普通大众上网的设备，易于操作的“傻瓜机”式网络终端接收装置，包括简易型电脑、网络电话、短信电话等供群众选择。在基层应考虑建设一支熟悉新媒介载体的信息队伍，包括市、县、乡三级信息联络员，并且要向乡村延伸，大力发展农村气象信息员，培训、引导更多的基层群众应用网络新媒介。同时还要在经济比较发达的农村地区营造一种学习使用计算机网络的氛围，带动整个农村受众对互联网的应用。

（3）促进多种媒体形式联合互动。近年来，在一些经济比较发达的地区，农村受众利用网络获取和传播气象信息已经成为现实，取得了较好的效果。但是，在更为广大的欠发达地区，对新媒介的利用还比较薄弱。从我国农村的发展现状来看，在一些中心乡镇和农村，大力发展“网吧”形式的上网场所，给农民上网提供便利条件。同时，要在农村受众中宣传和提倡对新媒介的使用，尤其是鼓励和提倡农民上网。农村受众对新媒介的接受和利用，在很大成程度上将会改变气象传播的现状，使其在根本上得到提升和飞跃。

在农村的气象信息传播中，除了运用公告栏、大喇叭等传统传播方式外，传统的报纸、电视、电话与现代媒体联合互动的传播效果会更好。所谓媒体联合互动，就是把互联网与电视、电话等现代化媒体互联互通，充分利用电视、电话入户率高的优势，以有效解决当前农村微机普及率低、气象信息传递滞后的问题。在媒体联动中，采用电视、有线电话、手机、互联网的互联互通模式，综合运用电脑、电视、电话等手段，把三者有机结合为一体，充分发挥出各自优势，易为农村受众所接受，使气象信息传递更为便捷和顺畅。

（4）处理好现代信息网络与传统媒介的关系。为使气象相关信息能够广泛发布，需要根据本地实际条件，充分利用一切所能利用的传播媒介，如本地发布可利用农村广播、黑板报、科普信息宣传栏等；需向外地域发布的信息可通过上级气象信息部门，利用广播电台、电视、报刊、因特网等工具广泛发布。各地的气象信息中心还可以与报社联合，开办农村专版，每周不定期地制作适时气象信息版面。与地方电视台合作开辟专门的气象栏目，每日或每周在固定时间内播放。

在气象传播中，既要充分利用现代信息技术，建立覆盖全国的气象信息服务网络，同时也必须看到，目前基层农村中拥有计算机的比率还不高，电视、广播、电话、短信息等仍然是当前农民获取信息的主要渠道，必须充分利用好这些传统媒介，重点解决好广大农村的气象信息覆盖问题，使计算机网络和传统媒体在农村信息服务中优势互补。

从当前我国农村地区的实际来看，气象传播的媒介选择应当是多元化的。考虑到我国各地区经济发展的不平衡，气象传播在应用网络媒介方面，经济发达地区与经济欠发达地区可以采取不同的模式。对于经济发达地区，气象传播媒介应当以逐步推行计算机网络化为主，拓宽信息提供的范围与提高信息的质量，做到传播媒介多样化，声像结合，信息服务多种多样。对于经济欠发达地区，因为农村地区非网民占比达到 62.2%，因此气象传播媒介还应以较低层次的媒介为主，气象相关信息通过计算机网络传送到乡镇，再通过有线广播、大喇叭、电话、小报、黑板报等小媒介形式将信息传送到农户。这种多层次媒介共同参与的模式，更适合于广大经济欠发达地区农村受众的实际状况。

（5）气象部门发挥传播主导作用。气象管理部门要积极推广应用气象信息技术，建立“傻瓜型”气象信息系统，将经过处理的气象相关信息送到群众手中。将现代网络技术、多媒体技术与传统传播媒介相结合，建立面向普通群众的气象信息服务网络。气象信息产品中多数具有公共产品性质，需要由政府提供，政府应成为气象信息最主要的传播主体。现在的传播技术发展很快，网络传播的终端也可以用电视机来代替电脑，用户可以用遥控器点播自己所需要的电视节目，还可以通过电视来上网，这样相对简单的气象传播媒介更适合于基层受众的现实状况和接收习惯。气象管理部门可以建立一个多功能服务中心，在与传统媒介相结合的基础上，充分发挥现代信息网络的优势，以省级气象信息中心和各部门信息中心为依托，开创全省乃至全国范围的气象信息交流、信息呼叫、信息订制、人工智能语音、专家咨询、智能推送等服务，满足不同层次、不同类型受众对气象传播服务的需要。

第⑤章 气象传播者与受众

人是社会的主体，从这个意义上讲，气象传播过程中存在由谁来传播信息和传播信息给谁，即气象传播过程中存在两个主体。为便于研究，国内有学者一般把传播者定义为传播信息内容的发出者和发送者，传播受众是传播信息内容的接受者。气象传播者是传播气象信息内容的发出者和传播者，气象传播受众是传播气象信息内容的接受者，也称受众。气象传播者与受众，共同构成气象传播两个主体，是本章重点研究的内容。

5.1 气象传播者

传播者位于信息传播链条的各个环节，是传播活动的发起人或中继人，也是传播内容的发出者或中继者。气象传播者比较复杂，需要系统地对其进行分析和研究，以全面把握气象传播者的特征。

5.1.1 气象传播者概念

传播者，简单地讲就是承担传播的组织或传播的人，即“谁在传播”。但是，深入研究传播者也并非那样简单，传播本身存在一个传播链的问题，在这个传播链中第一个发出信息的传播者和最末端的传播者之间，就构成了十分复杂的传播关系，这种关系将直接影响到传播质量和传播效果。因此，研究气象传播必须对气象信息主体进行深入的研究。

（1）气象信息发布者。气象信息发布是气象传播的起点和源头。气象信息总体上是一种科技信息，气象信息发布的内容十分广泛。因此，广义上的气象信息发布者应是十分专业的气象组织机构和气象专业工作者。但是，气象预测预报作为一种更为特殊的气象信息，即使一般的气象专业组织机构和专业工作者也不具有发布者的身份，它的发布只能是国家气象机构所属的气象台站，这就是平常所讲的气象信息发布者，是《气象法》所规定的公众气象预报预警信息的发布者。

《气象法》规定“各级气象主管机构所属的气象台站应当按照职责向社会发布公众气象预报和灾害性天气警报”。这里“发布”其含义不仅限于“宣布、发表”，而在于它是赋予一种法定的责任，“公众气象预报和灾害性天气警报”必须由气象主管机构所属的气象台站承担“宣布和发表”责任，如果说“发布”也是一种传播行为，但这种发布的传播行为只能由气象主管机构所属的气象台站承担。

《气象法》所称的气象预报，是指人们基于对天气、气候演变规律的认识而对未来一定时期内天气、气候变化做出的判断。气象预报包括天气预报、气候预测。就预报时效而言，有短时天气预报（0 ～ 12 小时）、短期天气预报（12 ～ 72 小时）、中期天气预报（72 ～ 240 小时）、月气候预测、季节气候预测和年度气候预测等。就预报范围而言，有本地气象预报、区域气象预报和全国气象预报。按用户的特点和需要，还可分为各种不同的专业气象预报，如气象预报、城市环境气象预报、火险等级预报、农情气象预报、交通气象预报等。灾害性天气警报是指行将发生台风、寒潮、大风、暴雨（雪）、冰雹等对国计民生有严重危害、对可能危及的区域以天气预报的形式向公众发布的紧急通报。公众气象预报信息发布主体，只能是国家气象机构所属的气象台站。

《气象法》规定：“其他任何组织或者个人不得向社会发布公众气象预报和灾害性天气警报”。有关科研教学单位、学术团体和个人研究和探讨气象预报技术、方法应当鼓励和支持，他们得出的预报结论和依据可提供给有关气象台站制作气象预报时参考，或者在各级气象主管机构所属的气象台站主持召开的气象预报会商会和其他专业会上发表，但不得以任何形式向社会公开发布。因此，国家气象机构所属的气象台站之外所有专业机构和专业人员均不属公众气象预报信息发布主体。

国务院其他有关部门和省、自治、直辖市人民政府其他有关部门所属的气象台站可以提供本系统使用的专项气象预报。因为这些部门结合实际需要，也建立了一批气象台站，如民航、农垦、盐业、森工、水电气象台站等。这些气象台站对本部门经济建设和发展起到了积极的促进作用。这些部门的气象台站可以提供由本系统使用的专项气象预报，但不能向社会公开发布公众气象预报和灾害性天气警报。

（2）气象传播者。气象传播者是传播行为的发起者，是以传播气象信息的方式主动作用于受众的人。气象传播者是气象信息来源的加工者和传送者，决定传播的目的。他们的主要任务是气象信息收集、加工、传递和对受众反馈的反映。为了达到传播的目的，传播者首先要选择需要传递的气象信息，并将根据已有的经验、认知、思想、感情和技术条件进行制作，即把要传递的气象信息转换成可以传递的符号或合适的传播样式，然后传播者将选择一定的载体或方式进行传送，可以为报纸、广播、电视，也可以是网络、电话、大喇叭等传播载体。

社会上的气象传播者有职业角色和普通角色之区分。职业角色的传播者则是专司传播职业的人员，经过严格的职业培训或教育，拥有一定的职业技能和专业知识，并以此得到物质上的利益和心理或精神上的满足，如采编、记者、播音员、主持人、网络员等。普通角色的传播者不专司传播，也不以传播谋生，因而无须进行专门的训练与教育。他们自由地支配传播时间，灵活地运用传播方式，想传就传，随意而为，不受职业的约束和控制。从这个意义上说，每一个人都可能是气象传播者，经常性地进行着气象传播活动，如向自己身边人员传播近期天气预报情况等。

在较早的气象传播中，更多的是气象科技人员、传播机构编播人员和生产管理者扮演着传播者的角色。随着印刷媒介和电子媒介的发展，不仅气象机构建立了气象传播服务队伍，如气象广播电台、气象资讯台、气象影视中心、气象报社、气象出版社等，而且为气象服务于社会的许多杂志、报纸、广播台、电视台、通讯社、网络等机构的编辑、记者、摄影师、播音员、节目主持人、专家学者等均参与到气象传播行业，在社区和乡村基层发展了庞大的气象信息队伍，尤其是网络发展使气象传播媒介融入了大量新的气象传播者，他们的工作为我国气象传播发展发挥着十分重要的作用。

综上所述，如果给气象传播者下个简单的定义，气象传播者就是传递气象信息的所有人，也包括气象信息发布者。他们中有专职的传播人，也有兼职的传播人；有负责本区域的气象传播人，也有不分区域气象传播人；有从事气象预报预警信息传播的人，也有从事气象信息、气象科普和气象科技传播的人。

（3）气象传播群。气象传播是一个庞大的系统，有人际传播（如农村气象信息员）、群体传播（如气象专业技术培训）和大众传播（报纸、广播、电视、网络）等各种类型的传播，也有面向使用气象信息的生产者、领导干部、专业技术人员等不同层次的传播。因此，整个气象传播系统的气象传播者是由不同的群体构成。

一是气象科技工作者。气象专业技术人员是已经走上气象工作岗位、具有中专及以上学历或初级以上技术职称的人员。气象科技人员是一支具有专业技能的气象传播者，我国气象行业现有各类气象技术人员超过 10 万人，是一支庞大的气象技术队伍，他们有的是专门从事大众气象信息的传播者，有的是兼职传播者。气象和相关科研机构气象技术人员参与气象传播具有极大的优势，他们利用自己气象背景，直接与气象传播对象对话，可以增加受众信任感，也可以使受众亲身感受到气象科学的魅力；由气象专家传播最新的气象研究成果，还可以使公众更加关注气象科学的进展。因此，充分发挥气象专业人员在气象传播中的积极作用，对扩大气象传播影响力必将积极效果。

气象技术工作者参与气象传播也是时代的要求，新时期的社会公众不再仅仅作为简单的劳动者，他们已经变成为富有知识的独立生产者和经营者，对资源配置和经营方式有了较大独立的决策权，带有行政色彩的气象技术推广已经不适应新时期社会的发展形势。气象专业技术人员需要改变以往的工作思维，树立把自己掌握的气象科技信息与社会生产者共享的观念，传递气象信息的同时吸取生产者的经验，使现有气象科技资源更大程度为生产者服务，使气象科技转变为现实社会生产力。

二是气象管理人员。气象管理机构的工作人员既是负责气象传播的组织者和管理者，又是气象信息生产者、加工者和选择的决定者，同时还是向决策层和社会公众的传播者。气象管理人员对气象传播的大方向进行把关和过滤，他们的服务和管理对气象传播的发展起着举足轻重的作用。特别是气象部门的各级领导者，充分发挥他们在气象传播特别是气象科学传播中的主导作用，有利于从整体上增强气象传播的辐射力、引导力，有利于增进气象信息传播利用。

三是媒体气象传播者。媒体气象传播者是在气象大众传播过程中，负责收集、整理、选择、处理、加工与传递气象信息，然后通过大众媒介传播信息的人。在实际工作中，包括载有气象内容的报纸、杂志等印刷产品的编辑、记者，气象广播、电视的编辑、记者、主持人、编导等，气象网站的编辑、记者等，他们都是气象传播中的专职或兼职传播者。他们都具有相应知识背景，在气象传播中是一个综合文化知识和科技知识素质比较高的一个群体。气象信息媒介工作者最大的特点是面对大量的气象信息，从中筛选出部分最能达到传播目的的气象信息，并以最有效的表现形式传递给大受众。

四是气象信息服务者。气象信息服务者，他们中有一部分人员是掌握气象科技的基本知识和信息科学的基本理论、方法、技能的专业人才，有的一部分则是经过一定气象知识培训兼职人才，除各级气象部门的气象工作人员作一支专业的气象信息服务者外，但由于气象传播受众的广泛，作为大众气象传播，则需要更多普通兼职传播者，其中最值得推广的就是逐级建设一支传播气象信息和气象科学的气象信息员队伍，包括气象传播志愿者队伍，尤其在基层社会组织中。这是对逐步建立完善社会参与的气象传播机制的探索，组织社会力量参与气象信息和气象科普传播，也是我国气象法律法规提出的要求。

国家《气象灾害防御条例》规定："公民、法人和其他组织有义务参与气象灾害防御工作，在气象灾害发生后开展自救互救""乡（镇）人民政府、街道办事处应当确定人员，协助气象主管机构、民政部门开展气象灾害防御知识宣传、应急联络、信息传递、灾害报告和灾情调查等工作"。这说明在气象灾害应急情况下，全社会都有传播气象灾害信息的责任和义务。因此，具体落实到学校、医院、社区、工矿企业等都需要指定专人负责气象信息传播工作，重点健全向基层社区传递机制，将气象传播和气象信息服务站纳入地方政府各类信息服务站统一管理和运行维持，形成县—乡—村—户直通的气象科学传播和气象灾害预警信息传播渠道。在居民委员会、村民委员会等基层组织设立有兼职气象信息员、灾害信息员、群测群防员，这是最基层、最接近人民群众的气象预警信息传播者，也是气象科普信息的宣传者。气象信息服务涉及面十分广泛，在社区基层和乡村可以广泛吸纳社会各界人士参加，尤其一些青年志愿者、爱好者和一些热心中老年兴趣者，参与气象信息传播服务。

五是气象教育培训工作者。气象教育培训工作者主要包括各类大学和院校里培养气象专业技术人员的教师，也包括对气象管理干部、气象科技人员再培训的各类气象培训的工作人员。他们是传播气象科学和技术知识的一支基础性骨干力量，直接影响未来气象科学发展前景。从传播学意义讲，气象教育培训者是一支在特定范围传播气象科技知识的专门力量，他们同样可以参加社会大众气象传播。

5.1.2 气象传播中的公众人物

公众人物也称公共人物，是指一定范围内拥有一定的社会地位，具有重要影响，为人们所广泛知晓和关注，并与社会公共利益密切相关的人物。公众人物主要是一个新闻学的概念。气象部门的公众人物主要指气象部门中因经常性传播气象信息、重要气象事件而为人们所广泛知晓和关注，并与社会公众利益密切相关的人物。气象部门的公众人物主要有两类，一类电视气象节目主持人；一类是气象新闻发言人。他们与公众互动频率高，作为气象传播者中最能引起社会关注的对象，有必要作以下分析。

（1）电视天气预报节目主持人。作为央视收视率最高的节目，《天气预报》自1980年诞生以来，已经陪伴无数观众度过了近40年的时光。1993年，中央气象台率先推出节目主持人的形式。电视天气预报节目，逐渐拉近了与观众的距离，随后全国省级、地市级电视节目中陆续推出有主持人的气象节目。到1996年，全国有13个省级气象台的电视天气预报采取了主持人播讲的形式，逐步形成了一支气象节目主持人队伍。气象节目主持人，虽然天天见面，但对大多数人来说，气象节目主持人是如何工作可能还是非常陌生。

在电视气象传播中，电视天气预报节目主持人处于一种特殊地位，发挥十分重要的作用，是气象传播中一个十分特殊的传播群体主体。我国电视天气预报节目的每一次改革都给观众以新的视觉冲击。权威机构的统计表明，2002年天气预报节目名列全国电视节目收视率排行榜榜首，不少天气预报节目主持人家喻户晓。电视天气预报节目主持人作为电视天气预报节目与受众之间的信息传播与感情交流的中介人，其角色扮演是否成功不仅成为电视天气预报节目办得是否成功的重要标志，也成为媒体竞争时代节目创新的争取目标。传播天气预报信息、沟通受众感情，是电视天气预报节目主持人社会角色的本质要求。

首先，从角色的产生分析，电视天气预报节目主持人是源于社会对天气信息传播的需要。电视天气预报节目经历了由简单到复杂、由初级到高级的发展过程。20世纪80年代初，由播音员口播天气形势预报，80年代中期，增加了卫星云图动画显示；1993年，中央气象台率先推出节目主持人的形式。电视天气预报节目，逐渐拉近了与观众的距离。从这一发展过程来看，人民群众生产和生活需要准确及时的天气预报信息，而电视的发展，恰好适应了这种需求，人们获取信息的方式也逐步从简单的单纯播音形式，发展到形象生动的主持人播讲形式。这充分说明，电视天气预报节目主持人这个角色的产生，是基于满足人民群众生产生活对天气预报信息的客观需要，也因此电视天气预报节目主持人成为人民群众关注公众人物。

其次，从职业特征分析，天气预报节目主持人的职业就是收集、加工和传播天气信息。气象信息属于生产生活类信息，而气象事件可能成为新闻性事件，但作为电视气象节目主持人，重点是传播生产生活类气象信息，而涉及气象事件的新闻可能主要气象新闻发言人和新闻类主持人承担。如中央电视台天气预报节目主持人和北京电视台《为您服务》节目主持人，其职业特征非常明显，就是给大众传播天气和气象类信息。电视天气预报节目主持人，正是以收集、加工和传播天气信息与电视其他节目主持人相区别。因此，在公众中就有气象先生和气象女主播的称谓。

其三，从气象传播质量分析，公众对电视天气预报节目主持人社会角色评价的主要是传播质量。电视天气预报节目主持人常被称作“天气预报的代言人”，这表明了人们对天气预报节目主持人角色的认识，透露出人们的评价标准，即天气信息传播得是否准确、明了、生动，是人们对电视天气预报节目主持人的心理期待和评价依据。

其实气象传播质量问题比较复杂，在一般情况下，公众比较关注或注重主持人的外貌、形体、普通话、音质、习惯表情动作、气质和性格特征，这个主要在于公众的感觉和体验，如果这一关没有得到公众的接受，就可能影响公众对电视气象传播感观效果。因此，选拔电视气象节目主持人，一直是电视台资深主持人和气象部门共同组织。自有电视气象节目主持人以来，在中央电视台和省地级电视台涌现了一批在公众具有较大影响气象节目主持人。

但是，在实际工作中看似风光的气象节目主持人，涉及气象传播质量问题也有自己担忧和烦恼。这就是天气预报准确率的问题，一次重要天气过程或者没有发布传播气象预报，或者发布和传播气象预报以后而没有及时发生，或者根本就不出现，这时电视气象节目主持人就最苦恼。公众中有的打电话直问原因，有的甚至责骂，还有的要求赔偿因此造成的损失。可想而知，气象节目主持人的压力有多大。因为许多公众并不知晓气象节目主持人只是一个传播者，或者知晓但公众只熟悉气象节目主持人，其责怪就不可避免。因此，一旦出现这种情况，当期气象节目主持人可能需要停播一段时间，以缓和公众的期待。电视气象节目主持人遇到的这种情况，可能播报其他栏目的主持人就很少遇到。

其四，从公众期待分析，电视天气预报节目主持人也会受到公众喜好的影响。电视传播气象信息，不仅在于信息准确性和及时性，也在于表达的丰富性和艺术性。20世纪90年代中后期，以访谈为主要形式的电视节目类型兴起，由于节目形式多种多样，颇受广大观众的喜爱。再则由于受国外电视天气预报节目主持人的风格与特色影响，我国公众也提出了这方面的要求。如2003年3月，中央电视台天气预报节目栏通过网络调查，不少网民希望借鉴国外天气预报形式，认为美国的天气预报很有激情，主持人一上来就问候观众，结束前还结合天气预报嘱咐观众应注意的事项；英国主持人很轻松、很平民化，有时还会告诉观众天气对人和动物的影响。在当时条件下，有些电视台的气象节目主持人就受到这种风格的影响。电视气象节目在满足广大观众气象信息需要的同时，也出现了气象节目主持人以口才、自然随意、娱乐性的表现形式。

由于网络气象传播的快速发展，电视气象传播的作用和影响力都受到不同程度的影响，气象节目主持人作为气象部门的公众人物，其作用和影响力也由此发生了变化，他们在数字电视和网络媒体中将以新的形式和面貌产生积极的作用和影响。

（2）气象新闻发言人。新闻发言人是国家、政党、社会团体任命或指定的专职或兼职的新闻发布人员，其职责是在一定时间内就某一重大事件或时事，约见记者或举办新闻发布会、记者招待会，针对有关问题说明情况、表明观点和回答记者提问，在网络互动出现以后，也回答一些社会公众提出的问题。一般来讲，新闻发言人背后都有一个支撑的工作团队，为新闻发言人收集材料、分析信息、了解情况、保持沟通，以保证所提供信息的全面性、准确性和权威性。气象新闻发言人就是代表气象部门，对一些已经发生或即将发生的重大天气事件而发布新闻的人员。

发布气象信息，是《中华人民共和国气象法》赋予气象部门的职责。发布重大气象新闻信息，可以让公众会第一时间得到气象部门的权威信息，了解一个时期的天气和气候变化情况，以利于公众和社会安排经济生产生活活动。尤其是处在防灾减灾的关键时刻，气象部门的权威信息非常重要。当重大天气事件即将发生时，由于气象专家主要忙于预报业务和气象服务材料，专门接待媒体记者的采访不仅有时间上冲突，而且不同的专家对天气变化表达的精准性也有差别，对整个社会关注程度了解也不全面。因此，气象部门通过建立有效的新闻发布制度，由气象新闻发言人发布重大天气变化消息，就可以迅速对天气变化和社会关注做出反应，及时调动人力，组织材料，召集媒体，统一发布天气情况，不仅可以大大提高气象传播效率和效益，而且可以避免误传或不当理解。因此，在 2002 年中国气象局就出台了《中国气象局新闻发言人制度》，此后各省（区、市）气象局相继出台了《气象新闻发言人制度》，明确了各单位的新闻发言人，全国气象新闻发言人队伍逐渐形成。

气象新闻发言人是气象信息传播中一个特殊成员。首先，他是代表一级气象部门组织的发言人，即一级组织的气象传播者，具有很高的权威性；其次，他是由一级气象部门指定，并且经过一定训练的发言人，对一些重大天气事件具有高度的社会敏感性，各级气象部门必须指定专人并经过训练的人承担新闻发言的职责；其三，气象新闻发言人必须具有较高的综合素质，必须同时具备政治敏锐性、社会责任性、气象科学性和表达准确性的特质，有效传播重大天气事件新闻事件。为不断提高气象新闻发言人综合素质，中国气象局和各省级气象部门组织了气象新闻发言人的经常性培训，并向社会公开了气象新闻发言人基本信息。

5.1.3　气象传播者特征

气象传播者作为气象传播的发起人，是传播内容的选择者和决定者，既有与大众传播者一致的特点，又相对独有的特征。气象传播者具有以下特征：

（1）传播者的性质不同。虽然政府、企业、社会组织和个人都可以称作气象传播者，但它们却有着本质上的区别。主体的不同也就决定了传播性质与形态的不同。以政府为主体的气象传播是政府（信息）传播的延伸，代表国家行使传播职能，具有绝对的权威性。与政府传播不同，企业内部传播气象信息是一种自用行为，现在一些大型企业都以不同方式存在气象信息内部传播，如一些建筑企业在施工现场每天都要更新天气信息，并有专人记录当日天气，因为施工期天气在施工合同中一般都有约定；企业向外部传播气象信息，则多为一种具有商业性质的行为，或者为了提升企业服务形象。社会组织有着不同的类型，而不同类型主体主导下的传播性质也是不同的。个人传播者是随着互联网的产生而出现的，具有隐匿性、分散性、随意性的特点，其传播规律和要求与上述主体显然不同。

（2）传播者的影响力不同。在气象传播中，传播者的影响力是不同的。在诸种传播者中，政府是责任主体，最具影响力。一些全球性、地域性的组织、团体，如世界气象组织等也有着相当大的影响力。在诸种传播者中，个人的影响力似乎最小，一旦出现非正常情况，而权威性的传播者失语或提供的信息不准确时，个人就会成为补充性的信息源，它们聚少成多，最终必将形成强大的气象传播声势，因此，对个人传播者也不以小视。

（3）传播者利用媒体的程度不同。传播者的特殊性，决定了它在媒体选择和使用上的特殊性。各级政府是气象信息的主导传播者，它对媒体的使用是全方位的。企业一方面作为营利性的组织，它们需要通过购买报纸的版面，广播电视的频率、频道等利用广告来获取持续传播气象信息的经济支持；另一方面，企业作为自己应当承担的社会责任，也会自觉地参与到无偿传播气象信息的活动中来，特别是有关气象灾害的信息；再一方面，气象信息受众是一支十分庞大的队伍，有些企业为提供自己的公共形象，也有的自愿承担传播气象信息的义务。个人利用传统媒体自主传播信息的可能性很小，当时条件下个人主要通过人际传播气象信息，但进入互联网时代，个人才能成为自由、独立的传播者。

从气象传播者构成分析，气象传播者还具有以下特征：

一是气象传播者队伍非常庞大。气象信息作为有组织的传播者，从国家级到社区和村组级，形成了一个十分庞大的多层次传播组织。国家《气象灾害防御条例》规定："地方各级人民政府、有关部门应当采取多种形式，向社会宣传普及气象灾害防御知识，提高公众的防灾减灾意识和能力"；"学校应当把气象灾害防御知识纳入有关课程和课外教育内容，培养和提高学生的气象灾害防范意识和自救互救能力"；"乡（镇）人民政府、街道办事处应当确定人员，协助气象主管机构、民政部门开展气象灾害防御知识宣传、应急联络、信息传递、灾害报告和灾情调查等工作"。加之，气象部门和新闻单位的气象信息传播，由此可见有组织性气象传播者之庞大。

二是气象传播者结构非常复杂。气象传播既存在有组织性传播，也存在无组织性的社会传播。在有组织传播中，从组织结构分析，可说先进的传播技术与落后的技术并存，高层次传播专家与素质一般化传播人员并存。在无组织性的社会传播中，情况更为复杂，既有企业，也有社会组织，还有志愿者，甚至每个公民都可能加入气象传播行列。在传统媒体时代，人们大多通过人际传播气象信息，而在现代媒体时代人们通过自媒体人人都是受众，人人又可能是气象信息的传播者，传播者和受众基本混为一体。

三是气象传播者监管比较困难。传统气象传播基本是有组织性的传播，传播者比较确定，如电台、电视台、报纸杂志和电讯平台等，对这些传播气象信息的主体监管相对比较容易。但是，我国信息传播已经进入网络时代和自媒体时代，既提高了气象传播时效和传播覆盖，又可能增加了传播风险，因为传播环节大量增加，传播者大量增多，对虚假和错误气象传播监管增加了许多困难，这将成为大量不确定气象传播的客观原因。

5.2 气象传播受众

气象传播是否能达到传播的目的，则应看气象信息所到达的“目的地”，即气象传播受众接收与应用效果。什么是气象传播受众，以及受众对气象信息的利用是本节研究的重点。

5.2.1 气象传播受众概念

受众是传播的目的，是气象传播的“目的地”，是气象传播链条的一个重要环节。离开了受众，传播活动就失去了方向和目的，就不能称其为传播活动。

（1）气象传播受众。受众，通俗地讲就是接受信息的人。它既包括大众传播中播的听众、电视的观众和上网浏览者，也包括小范围信息交流的个体参与者。简单地说，受众既指接受信息的公众，有时也指特定的传播接受对象。气象传播受众，即指气象传播活动中的信息接受者。

受众在有些地方又被称为受传播者、接受众、传播对象。一般来讲，人际传播和组织传播中受众与传播者的角色比较固定，且总是在有限的人际范围内进行，大众传播兴起之后，受众更多的用于大众传播的场合。传播学家的观点，一般把大众受众按其规模分为三个不同的层次：第一个层次是特定国家或地区内能够接触到传媒信息的总人口，例如，在我国的电视覆盖区域内，凡拥有电视机或能观看电视节目的人都是电视传媒的受众。第二个层次是对特定传媒或特定信息内容保持着定期接触的人，如报纸的定期读者或电视节目的稳定观众。第三个层次是不但接触了媒介内容，而且也在态度或行动上实际接受了媒介影响的人，如一些受众看完中央电视台天气预报后，按照节目预报的天气来安排或调整自己活动计划。对于传媒而言，这部分观众属于有效观众。同样，气象传播受众一般可分为三层次。但在气象传播实际受众中，三个层次并不是“绝缘”分开的，因为受众本身会根据自己生产生活的活动需要，决定自己是收看还是不收看，是采取相应行动还是不采取行动，并不会把自己固定在某一个层次。因此，气象传播对受众层次划分是相对的。

（2）气象传播受众群体构成。根据传播学对传播受众的分类有二分法，即分为一般性受众和特殊性受众；有四分法，即分为基本受众、参照受众、特约受众、潜在受众。气象信息的内容十分广泛，既有大众需要气象信息，也有特定对象所需要的气象信息。因此，气象传播的受众群体数量十分庞大，全国公众、不同阶层、不同职业、不同年龄的气象信息接收众都是气象传播受众，气象部门则习惯以决策、公众、专业、专项分类来区别气象传播的受众构成。

一是政府部门决策者。防御和减轻自然灾害、合理利用天气气候资源，直接关系到人民生命和财产安全、国防和经济建设安全，是各级政府的重要职责。各级政府要做好防御和减轻自然灾害、保护气候资源、趋利避害的决策，他们必须及时获取以天气预报预警为重点的气象科学技术信息。因此，各级政府决策部门是气象传播最重要的受众。这里各级政府决策部门是一个广义的概念，他们主要包括从国务院到县乡镇级政府及其所属决策管理部门。

根据决策气象传播受众的实际运行情况，一般也存在三种情况，一种情况是直接决策的责任受众，这部分人员通常就是各级党委和政府及部门分管应急或灾害防御的领导，有的成立有领导小组或设立有专门的办公机构。这是政府气象灾害防御或应急决策最重要的组织者，并由他们决定是否需要更高层级的决策者进行组织和动员。因此，他们实际上是决策气象服务关键和重点对象。第二种情况是政府及部门组织重要大活动，必须参考气象信息而进行决策的受众，根据我国政府行政制度的特点，各级政府每年都会组织一些重大社会活动，有的是本级政府安排的活动，有的则是上级要求承办的活动，这些活动的安排与当地天气气候具有高度的相关性，在这种情况下政府一般成立有活动领导小组，就有涉及气象服务保障的内容。这部分决策受众具有时间的阶段性，但对气象信息服务的要求非常高，气象预报要求做到定点到场地、定时到时间点，下雨要定量到毫米，风力要定量到米每秒，包括随时提供现场天气实况。这对已经完全实现观测自动化和天气预报数值化的今天来讲，应当说不算太难了，但在30年前或15年前对气象科学技术的难度就相当大。第三种情况是各级政府及其部门决策一般性参考气象信息的受众。政府及其部门开展和组织的许多活动都与天气和气候变化有一定关系，如农业部门安排春耕生产，水利部门组织水利建设，电力部门安排发电产量，尤其是安排水电产量、风电生产，交通部门安排交通调度，等等，都需要参考日常的天气和气候变化情况，这些决策利用气象信息是经常性状态。因此，对这部分决策受众与气象部门的气象信息传播，在20世纪80年代、90年代主要通过电话、传真和无线高频，进入21世纪已经实现了互联互通。

政府部门的决策者，从传播学意义讲是气象信息一个特殊的受众群体，他们既是气象信息传播的受众者，通过他们直接把气象信息应用于决策参考，或直接根据气象信息做出重大决策。但是，他们更是气象信息最重要的传播力量，重大气象信息经过政府决策者，通过行政系统进行传播所产生的影响和作用远高其他形式的传播。这是我国行政体制的最大优势，也是我国已经建成世界一流气象服务体系的制度保证。

气象信息涉及国家安全、社会稳定和宏观经济发展，已成为政府部门进行相关决策不可缺少的科学依据。因此，气象部门一直把决策气象传播受众，作为各项气象传播中的重中之重，在许多情况下气象部门领导人往往直接承担人际传播责任。为切实做好政府部门决策者的气象信息传播工作，各级政府与气象部门之间都建立了常定渠道和机制，应急情况下还会现场提供实时气象信息服务。

二是社会公众。这是气象传播服务最庞大的受众群体，也是公共气象服务应当全部覆盖的对象。现在通过各种媒体载体为社会公众提供气象信息服务，包括通过广播、电视、报纸、电话、手机、网络、显示屏等手段，包括在农村还有线广播和大喇叭等传播天气预报预警服务。公众气象传播，在气象部门称公众气象服务。对气象传播的社会公众，应从以下方面进行理解。

一是从传播性质上，认识公共气象传播服务下的社会公众。从性质上讲，公众气象传播不仅是公众气象服务，而更应从公共气象服务上进行理解。从公众气象服务含义上理解，公众气象传播的受众应是客体地位，是气象传播服务的接受者、被动者，有什么气象信息就收听收看什么信息，能收听到就收听，不能收听到或不方便收听到也无可奈何。公众气象传播的发布者和传送者则会处于一种主导地位，对公众是否能收到气象信息？公众是否有什么气象信息质量要求？是否需要改进气象服务？一般情况下不会关心，也不会过问，有时到群众中搞点调查，也只是走走过场。20 世纪 80 年代、90 年代公益性的公众传播气象服务基本就是这种情况。

进入 21 世纪，在《气象法》的推动下，把公众气象传播定义为公共气象服务。如《气象法》规定："气象事业是经济建设、国防建设、社会发展和人民生活的基础性公益事业，气象工作应当把公益性气象服务放在首位""县、市气象主管机构所属的气象台站应当主要为农业生产服务，及时主动提供保障当地农业生产所需的公益性气象信息服务""国家对公众气象预报和灾害性天气警报实行统一发布制度"。国家《气象灾害防御条例》规定："广播、电视、报纸、电信等媒体应当及时向社会播发或者刊登当地气象主管机构所属的气象台站提供的适时灾害性天气警报、气象灾害预警信号""县级以上地方人民政府应当建立和完善气象灾害预警信息发布系统，并根据气象灾害防御的需要，在交通枢纽、公共活动场所等人口密集区域和气象灾害易发区域建立灾害性天气警报、气象灾害预警信号接收和播发设施，并保证设施的正常运转"。

气象法律法规的颁布实施，公众气象传播之公众地位就发生了重大变化，社会公众成了气象信息传播的受益权利人，成为公平均等服务对象。各级政府、各级气象部门和各类公益传播机构成为传播气象信息的义务人和责任者。无论对前者，还是对后者适应这种传播角色的变化，无疑都面临重大的适应性调整。

公众作为公共气象信息传播服务对象，在城市充分利用广播、电视、报纸、电话、手机、网络等手段，加之城市社区的组织作用，气象信息传播对城市居民而言，基本能实现全部覆盖，甚至重复覆盖。但是，对城市流动人口、进入城市务工人口、城乡结合部的人口，公共气象信息传播覆盖可能还存在盲区。

在农村，气象信息传播情况就比较复杂，实现农村人口全部覆盖，充分利用广播、电视、报纸、电话、手机、网络等手段，还有很多农村人口可能覆盖不到。对这一部分公共气象信息传播服务受众，从 2009 年国家实施建立农业气象服务体系和农村气象灾害防御体系以来，各级政府和各级气象部门做了大量工作，气象信息传播向乡村和村组延伸取得很大成效。但由于农村气象信息传播复杂性，要实现 100% 的覆盖还有很大难度。

现在已经进入网络时代，一般认为气象信息传播实现社会公众的全部覆盖不成问题，很多传播机构更多倾注于新媒体的发展，一般气象信息传播机构也在跟进这种发展大势，这是信息时代发展提出的必然要求。但是，气象信息传播不可淡化其公共性，我国当前还是一个最先进生产生活方式与传统生产生活并存在的时代，还有相当一部分人口不适应新媒体或新媒体覆盖不到的地区，但公共气象信息传播不能忽视、更不能忘记这一部分人口和地区。根据中国互联网络发展状况统计报告统计，截至 2018 年 6 月，我国非网民规模为 5.88 亿，其中城镇地区非网民占比为 37.8%，农村地区非网民占比为 62.2%。上网技能缺失以及文化水平限制是制约非网民使用互联网的主要原因。调查显示，电脑或网络知识缺失，以及拼音等文化水平限制，导致非网民不上网的占比分别为 49.0% 和 32.5%；年龄因素是导致非网民不使用互联网的另一个主要原因，因为年龄太大或太小而不使用互联网的非网民占比为 13.7%；因为无需求或兴趣丧失而不使用互联网的非网民占比为 10.2%；因可支配上网时间有限，以及网络使用设备缺失或宽带无法连接等接入障碍造成非网民不上网的占比均低于10%。因此，对非网民的气象信息覆盖仍然要使用传统的传播手段和方式。

二是从类别上，认识和区别不同气象传播服务需求的社会公众。气象传播的内容很多很广，不同的社会公众群体对气象传播既有共同需求，更有差别性需求。从气象传播服务的社会公众类别区分，一般可以划分为青少年学生、农民、城镇居民、公务机关人员等。对所有社会公众除传播气象预报预警信息外，还应针对不同社会群体传播有针对性气象科技知识，如对青少年学生可以鼓励和支持中小学校自办校园气象站，把校园气象站建设与学校气象科技教育相结合，创造性地开展校园气象科普、气象知识竞赛、小小减灾官全国科普大赛、气象研学之旅等多种活动，并形成针对不同年龄段的校园气象科普活动和气象科技教育，整体提供解决方案，广泛传播气象科普知识，增强气象科普体验传播。对城市居民和城市生产者、经营者，把传播普及社区气象防灾减灾知识、生产生活气象知识、健康气象知识和生态环境气象知识作为重点，开展各种类型的城市防灾减灾气象知识传播活动。对农村农民，应以农村农民需求为导向，结合农业生产季节、特色农业生产和规模农业生产，组织经常性的气象专家深入农村开展有针对性的“气象科技下乡”活动，有针对性提供实用农业气象科学技术，尤其对革命老区、少数民族地区、边疆地区、贫困地区以及气象灾害多发、易发地区的更应重视气象信息传播，气象防灾知识和科普知识传播推广应用。

针对以上不同社会公众群体，各级气象部门需要总结推广气象传播已经取得的一些好做法好经验，如开展气象科普信息传播“五进活动”，即气象科普“进农村、进学校、进社区、进企业、进公交”等活动，为不同社会公众群体，面对面地宣传气象防灾减灾和应对气候变化的知识，不断提高公众应对气候变化意识和避险自救的能力，同时鼓励和倡导可持续发展的生活方式，提高全社会参与应对气候变化的意识和能力。

同时继续把广大青少年作为传播气象科技信息的一个重点人群，对青少年传播气象科普做到保持“四个开放”，即开放气象科普馆、开放气象预报制作会商场所、开放气象观测场地、开放气象节目制作，为青少年了解和传播气象科技知识提供了平台，让他们直观接受气象科技知识教育。继续组织一些气象科普活动，如充分利用“科普宣传月”“全国科普日活动”“青少年科技创新大赛”等活动，传播气象知识。继续动员、鼓励社区居民、企事业单位员工、外来务工人员等各类人群，共同参与到气象信息传播和气象科普活动中来，把气象信息传播和气象科普组织延伸到各企事业单位、各社区，真正形成全方位的、立体化的、全覆盖的气象信息传播网络体系。在农村继续发挥好气象信息员队伍的作用，让农民朋友既成最基层的气象信息传播者，也成为气象信息受众者和受益者。

三是社会特定气象信息用户。社会特定用户是指由气象部门提供和传送具有专门用途的气象信息服务的社会受众。专用气象信息服务的传播对象，是对气象信息有特定专门需求的受众。这类受众也十分广泛，他们主要包括各个行业和关系国计民生的各企、事业单位，以及从事经营性活动的各社会团体、单位和个体等，具体涉及工业、农业、商业、能源、交通、建筑、林业、水利、海洋、盐业、环保、旅游、民航、邮电、保险、消防等100多个部门，是气象信息服务于经济社会发展的重要领域。这类受众消费气象信息产品除了作为他们生产活动参考消费外，更重要的是作为生产要素被消费，其动机和目的不仅要提高生产效益，首先是提高自身的经济效益。这类气象传播受众对气象信息的要求非常高，对气象传播的内容和方式方法都会提出明确的要求。

随着各行各业生产能力的不断提高，专用气象信息服务的对象将会越来越广泛。不同的受众对象将会提出各有特色的需求，要求气象信息服务组织实体为其提供具有专业性的气象信息服务内容。利用市场机制可以促进气象信息资源有效地配置，高效地提供个性化的专用气象信息服务，包括使用最先进的气象信息传播方式。

四是专项气象传播用户。专项气象传播服务主要是为国家重大社会、政治、经济、军事、外交、文化、体育活动提供的气象信息保障服务，主要包括重大活动气象服务、重大工程建设气象服务、重大突发事件应急气象服务等。20 世纪 80 年代以来，专项气象信息服务随着经济社会和气象现代化的发展而得到快速发展。这类受众具有不确定性、阶段性的特点。但他们对气象信息内在质量和传播质量要求都非常高，从气象信息采集、加工和传播必须达到专业化水平。

五是传播类和科研教学类气象信息接收者。气象信息受众构成情况非常复杂，在气象传播实践中，许多受众既是使用受众者，又是传播者的角色，这类受众也十分广泛，如各类媒体裁载体的传播者，各级气象灾害应急机构的工作人员和信息员，气象爱好者、志愿者，还有从事气象科研与教学类气象信息接收者等等。这类受众既不同一般公众，也不同于一般的气象信息用户，他们大都具有相应的专业知识背景，对气象信息具有很高辨识能力。

六是其他涉及气象信息的受众。如现在许多企事业、各社区、各居民点建立有“信息联络员或网格员”制度，这些联络员或网格员既是气象信息传播的受众，又是对企事业单位和社区进行气象传播的联络员，向他们及时发布各种气象信息，也请他们及时为各企事业、社区或者居民点单位提供气象传播服务，从而实现气象信息与公众的交流、互动，实现更好地为不同人群传播气象信息。

除此之外，气象传播受众群体构成还可以劳动和生产方式，划分为城市市民受众和农村农民受众，二者都非常关心关注气象传播，但由于城市和农村生产方式和生产内容有根本性差别，二者对气象传播内容需要则很差别，如一些气象指数信息传播在城市则很受欢迎，而一些农业气象科技传播在农村则很农民欢迎。

5.2.2 气象传播受众的认知

气象信息受众同一般大众传播的受众类似，数量众多而且组成十分复杂。气象信息受众的主体是社会公众，其中绝大部分应是普通的市民和农民，市民受众和农民受众既有相同的特点，也有不同的气象信息需求特征。

（1）社会受众的共同特征。气象传播受众具有一般受众的基本特点，即受众是大量而分散的；受众是无组织的、混杂的；受众是随时变化的；受众互相之间的关系是复杂的；在时间和空间上，多数情况下传播者与受传播者是分隔的。受众是传播活动得以开展的社会前提和社会基础，是传播环境的重要组成部分；受众是传播活动中信息流动的第一目的地，是传播机构和传播者的追求目标；受众是积极的气象信息寻觅者；受众是气象传播活动中的反馈信息源。

但是，气象传播受众更有其特殊性，一种情况为气象知识和气象新闻类的大众传播，它符合一般意义上传播者与受众之间关系特点。一种情况为专业气象信息产品的市场受众，这种情况下传播者与受众之间是一种平等关系，二者之间按照双方约定进行传播和互动。另一情况是公众气象预报和气象灾害预警传播的受众，这既不同于一般气象知识和气象新闻的传播，也不同于气象信息市场传播的受众，而是一种职责性和义务性传播，对公众气象预报和气象灾害预警传播，所有社会受众不仅仅是气象信息的使用者或消费者，他们是构成社会的基本成员，既是国家气象信息的服务对象，也是参与气象社会管理和公共事务的公民，他们在大众气象传播过程中享有相应的基本权利：

一是无偿获取权。无偿收听、收看或收到公众气象预报是每个公民享有的一项基本公共服务权，所有社会公众都有平均享有权利。国家气象部门具有向公民发布公众气象预报的职责，所有公共媒体载体都有传播公众气象预报的义务。因为公众气象预报是国家基本公共服务产品，是保障全体公民生存和发展最基本需求，它涉及人民群众生命财产安全和生产生活最基本需要，是最基本的民生需求，享有公众气象预报是公民的权利，它遵循城乡均等化、群体均等化原则，理论上不应存在对象的优先权，更不应存在付费优先原则，这是现代政府提供基本公共服务应秉持的社会公平和正义原则的要求。每位公民受众都具有无偿获取权公众气象预报的权利。

二是气象知情权。知情权是指公民具有获取所需各种公共信息的权利，这也是公民的基本权利之一。气象预报和灾害性天气警报是由国家公共财政投入生产形成的公共信息产品，这种信息产品与人民群众的生产生活关系十分密切，人民群众要了解国家气象台站所掌握的对天气变化的监测预测情况，这是公民所具有的一项公共信息知情权，相对而言向公众发布和传播气象监测预报信息，则是国家气象台站和公共传播媒体载体应当承担职责和义务。这里公众就是享受气象预报信息服务的主体，他们应处于主导地位，而发布和传播气象预报的国家气象台站和公共传播媒体载体则应处于被提供、被问询，甚至被问责的地位。

三是自由传播权。传播权是每位公民受众应当享有的基本权利之一。公民受众是气象信息使用的社会实践和社会生活主体，他们有权把自己接收到气象信息，或把自己所掌握的气象知识、经验、体会、思想、观点和认识，通过言论、创作、著述等活动表现出来，并通过合法途径和渠道加以传播。事实上，许多公众不仅在群众中传播自己接收到气象预报信息，而且把自己掌握的气象知识、气象谚语和气象经验通过口头以人际形式传播，一些气象农谚、气象习俗、气象民俗都是这样传播流传下来的。

（2）市民受众的特征。市民是十分庞大的气象传播受众，我国在计划经济体制时期，这部分受众总体比例不高，到 1980 年整个城市人口约为 1.9 亿，约占全国人口的 19.4%。当时，公众气象预报和灾害性天气警报除通过广播和报刊发布传播外，城市主要还是依据人际传播，当时城市人口主要以单位的形式分布，特别是灾害性天气警报信息可以通过行政渠道很快传达到所有单位，市民人人都会及时获取灾害性天气警报信息，而且大都还会参与单位安排的气象灾害防御活动。

改革开放以后，我国城乡人口结构发生了巨大变化，城市人口急剧增长，到 2015 年达到 7.7 亿，占全国人口的 56.1%，气象预报信息的市民受众远超过农村。由于市场经济的发展，城市传统的单位体制到 20 世纪 90 年代后期基本被打破，随之而起的是新经营主体、新职业、新业态，使市民气象预报信息受众发生了高度分化，城市以气象预报为重点的信息传播发生重大变化，除传统的广播、电视、报纸媒体以外，寻呼传播呈兴盛一时，随后很快被手机传播和网络传播所取代。由于城市社会组织结构的重大变化和市民人口职业分化，城市气象预报信息传播，既存在高度重复覆盖问题，也存在气象预报信息发布和传播覆盖缺失的情况。

特别从预警传播的广泛性看，预警信号仍存在盲区，如 2012 年北京“7·21”特大暴雨中，气象部门通过气象信息平台发送了 1170 万人次预警信息，社会单位也纷纷转发，但仍存在信号盲区，如山区通讯信号不好，暴雨导致通讯中断后，旅游公司和游客无法接收预警信息。一些电视频道仍缺乏全频道滚动播出灾害预警信号的机制。“7·21”暴雨预警信息尚未转化为所有部门和公众及时普遍的避险行动，这场暴雨在北京地区造成 79 人死亡。“7·21”暴雨前，气象部门就及时发布了暴雨预报和预警，但在一些地方公众仍照常观看演出，参加各种户外活动，旅游景点照常接纳游客等，一些管理部门也没有提前到岗待命。有些山区居民接到洪水通知后不听从指挥，擅自行动，导致不必要的损失。一些司机在暴雨中贸然涉水，存在侥幸心理。有媒体做了相关调查，受访人员有七成不知道或说不清暴雨预警分为几级，有些公众并不能理解灾害预警信号的含义。

根据近些年，城市气象传播实际情况分析，城市还存在大量难以覆盖的受众，一是城市外来低收入群体，这些居住者多是外来务工人员，主要在超市、餐饮、快递、保安等工作，收入低，居无定所，生活缺乏保障，整天忙于生计，其中有一部分人成为气象预报信息覆盖盲区，现在各大城市都有一支庞大的外来务工群体。二是城市与农村结合地带的居民，这可能是我国城市一种比较特有的现象，城乡结合部既不像城市，又不像农村，居住人口相当混杂，在这样的区域气象信息有效传播覆盖真的还有些困难，既有不识字的人员，也有不看电视的人员，还有大量没有手机和网络联系的人员，除在紧急情况下靠人际传播气象信息外，可能没有其他更好的形式。因此，一旦发生重大气象灾害，造成人员死亡的往往多发生在城乡结合地带。三是城市景区路上行人及游客。现在大城市旅游，都有大量行人和游客，他们有的不太关注旅游地的气象预报信息传播，往往直接暴露于极端气候事件下，又不了解当地气候特征、地形，缺乏相应的暴雨避险自救知识，缺乏组织性，一旦气象灾害导致景区交通、通讯、电力中断，他们获取气象灾害预警信息更难，造成人身安全的风险性很高。因此，城市气象预报预警信息传播受众，今后必须进一步关注弱势群体和容易遗漏的传播人群。

在城市广大的市民受众中由于职业的差异，对气象信息发布和传播内容和方式也出现了高度分化。

一是对气象传播的关注内容呈现差异：8 小时上下班的市民受众和中小学生受众，他们非常关注上下班时天气信息传播；一些退休市民受众，他们关注早晚天气信息传播，以方便安排晨练和晚间锻炼；一些中产和白领市民受更关心一些生活相关气象指数信息传播；还有一些对天气变化高度敏感的市民受众，更关注天气变化对身体的影响，以便及时采取防护措施。如 2016 年通过天津市民受众对气象传播内容需求随机性调查（见表 5.1）情况分析，天津市民关注度最高的是，未来 0 ～ 3 小时的天气预报、今明天气预报和未来 3 ～ 7 天逐日天气预报，占被调查人数的 84%。这个比例很说明问题，全国公众基本也应是这种情况。根据中国互联网络发展状况统计报告，截至 2018 年 5 月，微信城市服务中气象类服务累计用户数最多，其中，天气预报、降雨预测累计用户数分别达到 1711 万和 1091 万，实际就是 7 天内逐日天气预报用户最多。

表 5.1　天津市民获取气象传播的内容调查表

调查选项	百分比	投票数
未来 0 ～ 3 小时的天气预报	13%	19
今明天气预报	26%	38
未来 3 ～ 7 天逐日天气预报	19%	27
天气实况信息	14%	20
上下班天气预报	6%	9
灾害性天气预警	14%	20
其他	8%	11

同样，根据对天津市民受众接收气象信息传播目的的随机性调查（表 5.2）情况分析，目的非常明确的占 88%，如出行参考占 23%、预防参考占 22%。当然，市民受众接收天气信息传播的目的，在不同气象区域可能有较大差别，这与一个气候类型和气象灾害频发种类有关。

表 5.2　天津市民获取气象传播的目的调查表

调查选项	百分比	投票数
出行需求	23%	30
为穿衣提供参考	16%	20
提前做好突发天气的预防	22%	28
工作需求	12%	16
安排活动需求	18%	23
其他	9%	12

二是对气象传播方式的选择呈现差异。由于市民受众的知识结构和年龄结构差别，在选择气象传播方式上差别也非常明显，一些年轻受众总赶在信息化技术发展前沿，什么方式快、什么方式便捷就会选择这样的传播方式，他们最先使用寻呼机、最先使用网络、最先使用手机传播接收气象信息。但是，一些中老年市民受众仍然靠电视、广播和报纸传播方式获取气象信息。还有一些进城务工的农民工受众，主要靠人际传播方式来获取有限的气象信息。根据 21 世纪初 2001 年在武汉市进行的一次社会调查结果，被调查的 1580 人中，当时他们获取气象预报信息，通过电视的占 94%，通过报纸的占 6.5%，通过广播的占 46%，通过电话的占 16%，通过寻呼机的占 16%，通过手机和网络的各仅占 7%。但是，根据 2016 年宁波市社会调查统计，市民受众接收气象传播方式发生了新的变化，其中电视占 33%、网络占 25%、手机短信占 8%、电话占 8%、当地政府占 8%、其他占 18%。

根据中国互联网络发展状况统计报告，从我国网民年龄结构可知，以青少年、青年和中年群体为主。截至 2018 年 6 月，10 ～ 39 岁群体占总体网民的 70.8%。其中 20 ～ 29 岁年龄段的网民占比最高，达

27.9%；10～19岁、30～39岁群体占比分别为18.2%、24.7%。30～49岁中年网民群体占比达到39.8%，50岁以上人口仅占10.5%。而截至2017年底，我国60岁及以上老年人口就占总人口17.3%，显然在50岁以上的人口还有大部分不会通过网络和手机获取气象信息。

三是对极端天气预报传播认知存在差异。从整体上城市受众综合文化素质高，掌握的知识比较多，绝大多数受众在收到极端天气预报信息传播以后会引起高度重视，并会结合自己实际采取一些适当的防避措施。但是，也有很多受众或者不以为然，或者感受到城市很安全，认为极端天气只会在农村造成灾害，不会在城市发生。从近些年在一些城市因气象灾害造成的经济损失和人员伤亡来看，属于后一种情况市民受众还不少见。由此可见，在市民中对气象灾害风险知识的传播还需要加强。

四是对气象信息发布与传播的互动性意愿很强。一些市民受众的生产生活活动与天气有非常密切的关系，这部分市民受众不仅仅是被动地接收气象预报信息传播，他们会时常关注天气的变化，而且经常与发布气象预报的气象台站保持联系和沟通，以便更好地安排自己的生产经济活动和社会活动。从一些城市电话气象服务拨打情况分析，每天早上7点时左右和晚间18时左右为市民拨打气象电话的两个高峰期。市民通过打电话方式，与气象台专家交流询问天气变化情况。如果天气发生重大转折和变化，这种互动情况更为突出，气象服务专家有时往往忙于给市民受众回复天气变化情况或变化原因。

（3）农民受众的特征。为农业服务是气象工作的重点，农民一直是气象传播的重点受众。在计划经济体制时期，我国的农民受众占总人口的比例很高，到1980年整个农村人口有7.96亿，约占全国人口的81%。当时，向农民传播公众气象预报和灾害性天气警报，主要通过广播和报刊发布传播，但许多农村广播不通、报刊传播很不及时，气象预报信息主要依靠县社大队行政组织系统的人际传播。在当时传播技术条件下，我国县社大队小队行政系统组织很完备，发生重大灾害天气和重大转折天气基本可以做到层层传播，传播时效也比较快。但是，对突发性和局地性重大灾害天气发生的信息传播，当时人际传播就存在非常大的局限，因此在农村因天气原因造成重大人员伤亡的事件则经常发生。如1956年第5612号台风，据不完全统计，在浙江、江苏、上海、安徽、河南、河北等地造成5000多人死亡，1.7万人受伤。又如1975年8月上旬由登陆台风停滞造成的特大暴雨过程，一次灾害造成26399人死亡。因此，在农村加强灾害性天气预报发布传播一直是各级地方政府狠抓的工作重点。

在改革开放以后，农村情况发生了很大变化，农村基层的社队组织不再是农业生产的直接组织单位，以家庭为单位的生产制度逐步得到推广和发展，气象预报信息在农村传播发生了新的变化，呈现出一些新特点。

一是农民受众所需要气象传播的内容更为丰富。改革开放以后，农民的生产内容发生重大变化，不仅有在农、林、牧、渔等第一产业从事农业劳动的农民，还出现了大量家庭经营劳动者、农业企业劳动者、种植大户、养殖大户、新型农户主、家庭农场主等新型农民，他们对气象信息的发布与传播需求已经发生了变化，他们需要的气象信息内容更加丰富，更要求有针对性、及时性和应用性。因此，在一些地区气象专家到农村与农民通过人际传播气象科技知识，成为最受农民欢迎的传播形式。

二是农民受众对所传播气象信息获取差别非常大。由于农村经济社会发展既存在地区与地区之间的差别，也存在农民个体与个体的差别，表现在获取传播气象信息方面的差别非常大。一些种植大户、养殖大户、新型农户主、家庭农场主已经不满足于一般公众气象传播，有的专门开通了与气象台站相联的网络。大多数农民受众主要依靠电视和广播传播，少部分有条件的农民受众通过手机、电话和网络获取气象预报信息。但还有相当一部分边远、贫困和落后地区的农民受众没有经常性获取气象传播的渠道。根据统计，截至2018年6月，我国非网民规模为5.88亿，其中农村地区非网民占比为62.2%。因此，在实施精准扶贫工作中，一些地方气象部门针对贫困人口气象信息传播问题，提出了保证每一个贫困家庭能有一种传播方式及时获取气象信息。

三是农民受众在气象传播中总体上属于弱势地位。在市场经济和现代信息技术推动下，国家信息传播载体现代化发展进程非常快，但是向农村延伸相对而言还是比较缓慢，因为农村覆盖人口密度不高，投入成本很大，效益回报率较低，现代信息传播覆盖到边远、贫困和落后地区的效益回报更低。因此，在信息传播领域农民受众还是处于一种弱势地位，从而影响了气象信息在农村的广泛传播。另外，由于受文化程度的限制，农民受众在接受气象信息、自由表达意见方面也处于弱势地位，他们大都只是被动地接受气象传播，而对自己的需求表达则比较少，即使有一些表达也难以落实。

（4）从城乡受众获取气象传播渠道分析。根据 2015 年对全国气象传播受众调查，电视仍然是公众获取气象信息的最常用传播渠道，公众通过电视获取气象信息占 59.8%，手机短信占 47.9%、手机 APP 占 40.4%（见图 5.1）。当然，也存在许多受众利用多手段接受气象信息传播的情况。

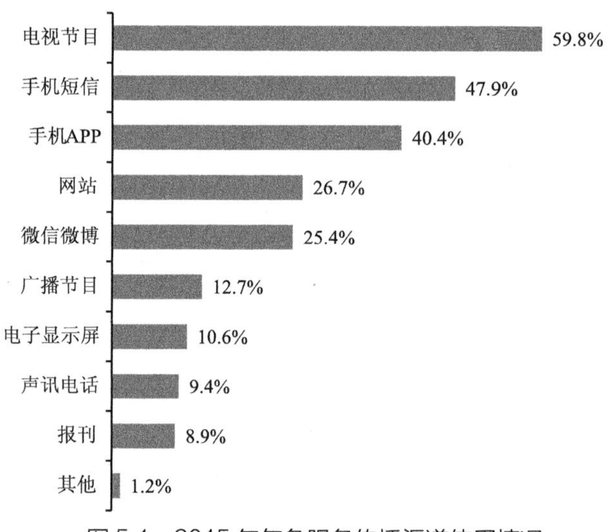

图 5.1　2015 年气象服务传播渠道使用情况

从城乡差异上看，城市公众更喜欢使用手机 APP、网络、微博微信等新媒体渠道获取气象信息，而农村公众更习惯使用电视节目、手机短信、声讯电话等传播渠道获取气象信息。调查显示（见图 5.2），城市公众通过“手机 APP”“网站”和“微信微博”等渠道获取气象信息的比例远高于农村公众，分别为 45.8%、30.0% 和 27.6%；农村公众通过“电视节目”“声讯电话”和“手机短信”的比例高于城市公众，分别为 67.2%、10.3% 和 48.1%，其中农村公众通过“电视节目”获取气象信息的比例高出城市公众 11.3%，农村通过手机 APP 获取气象信息比城市低 15.6%。

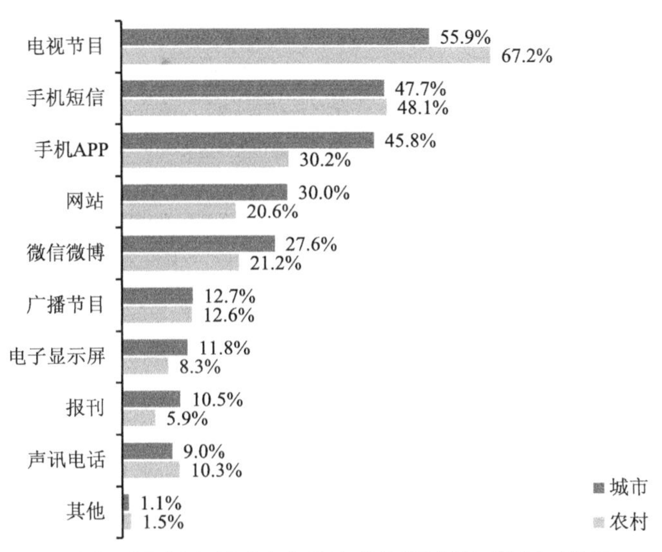

图 5.2　2015 年城乡气象服务传播渠道使用情况对比图

5.3　气象传播者与受众的关系

在传统媒体时代，气象传播者与受众之间很难进行角色互换，随着新媒体时代的到来，气象传播者与受众关系已经由原来的单向性向互换性的关系发展，而传播方式也发生了相应变化，不再是气象信息的单向传播，人们更多利用新媒介传播和接受信息，气象传播者与受众关系发生了重大变化。

5.3.1　传播者与受众关系的演变

根据传播理论研究，一般把传播者与受众的关系演变经历划分三个阶段，即以传播者为中心阶段——开始重视受众阶段——承认传播者与受众是传播活动中两个主体的阶段。如大众传播理论的奠基人拉斯韦尔1946年在与人合著的《宣传、传播和舆论》一书中，就没有对“受传播者”做出具体分析。因为在当时的许多研究者认为，传播者是绝对的主体。1954年施拉姆在《传播是怎样运行的》一文，把受众与传播者作为一个对等的双方提了出来，认为传受双方都处于同等的地位。这实际上已经把单一的传播理论推进到双向的传播理论阶段，开始重视受众的构成和受众地位。20世纪70年代以后，一些学者提出了满足需要论，它以个人的需求为起点，认为传播者应把受众的需求放到第一位，传播者与受众是传播活动中的两个互动的主体，有受众才能有传播者，有传播者才能更好地满足受众需求。这三个阶段的划分只是传播学理论上的研究，从公众气象预报和气象灾害警报发布与传播的实际情况分析，这类气象信息的传播者和受众之间的关系主要经历以下阶段。

（1）分离期，即气象信息发布传播者与受众是一种分离状态。在20世纪80年代以前，受气象预报技术和传播技术的条件限制，当时气象预报、灾害天气预警信息电台、报纸传播者与受众基本是一种分离状态，传播者并不考虑、也不知道受众的需要情况，有时传播气象预报与实际情况完全不一样，传播者也不知情、也不关心，发布和传播者只考虑今天气象预报发布了没有，至于受众是否收听或收看，传播者认为与自己没有关系。对受众来说，气象预报由谁发布、谁传播绝大多数受众都不清楚。当时遇到灾害性天气预警真正发挥作用是人际传播，主要通过行政渠道的层层传达，受众则从行政系统获得气象灾害预警而采取防御行动。

这个阶段主要受发布传播技术的限制，当时通过广播和报纸将信息传递给数量众多、构成复杂受众，但反馈并不很容易，例如，报纸、广播听众、电视观众的来信来电来访等反馈渠道，这种反馈仅仅是少数受众参与，而且这种反馈是迟滞的。作为发布传播者当时很难从总体上对受众去把握。

（2）主导期，即由气象信息发布传播者主导受众。20世纪80年代中后期至90年代末，我国传播技术不断改进，气象部门开始面向市场开展一些经营性气象科技服务活动，如何让受众更快更方便更有效接收气象信息，就成为气象部门和媒体载体部门共同努力解决的问题。这个阶段发布传播者处于主导地位，先后发展预警报台、寻呼台、电话咨讯台、短信平台和报纸、电视、电台气象专题等传播系统，受众被新的传播方式所吸引，在传播者的主导下，有的受众愿意直接支付费用，有的则看到了这些传播方式背后的广大受众而投入经费做广告。在这种传播者主导时期，极大地推动了公众气象预报传播的快速发展，受众从中也获取了效率或效益。在这一阶段，气象预报信息传播者开始十分注重受众的分布，研究受众的需求，以期更好地主导气象传播服务业的发展，也从中获取传播者所期待的经济和社会效益。

这个阶段发布传播技术有了一些新发展，传播气象信息的电台、电视台、报纸、电话大量增加，一些无线传播技术得到开发应用，主要在市场机制的驱动下，一些发布传播气象信息的公共媒体载体在社会需求和自身利益的双驱动下，主导了当时气象传播服务业的发展，开创了我国气象传播服务业的崭新局面。

（3）调适期，即气象信息发布传播者处于一种调整适应受众的阶段。在21世纪初的10年，我国传播技术发生了革命性变化，互联网技术和手机技术经过20世纪90年代酝酿后，到21世纪初已经发展成为一种最先进的传播形式。新媒介在技术上实现了传播过程的实时双向性，为传播者与受众互动扫平了技术上的障碍。短短几年间，所有信息传播媒体载体均以新的形式和成千上万的互联网站参与气象传播，传统的气象传播者主导地位很快发生了变化，为了适应新发展，气象传播开始调整传统的传播理念，不仅开始注重与受众互动，主动采集受众意见，开放传播场所供受众参观，而且建立了受众互动平台和客服中心，及时回应回复受众意见，真正开始体现传播者和受众的双主体性，随着气象服务业的不断发展这种双主体性阶段还在持续。

这个阶段主要由于新媒介出现，每一种媒介在它的诞生和普及的初期都曾给社会带来冲击。在21世纪初，伴随卫星通信、数字化、多媒体、有线电视和计算机网络等技术的发展，出现了有别传统的新型传播媒介，包括跨国卫星广播电视、多频道有线电视，文字、音像的电子出版以及互联网络等。所有的传播媒体载体都需要适应新技术的发展趋势，不然就会被淘汰，传统的气象传播也是如此，它必须适应新媒介，开始以受众为中心，开展与受众的互动，不断推出受众所欢迎的气象传播内容和形式。

（4）异位期，即气象信息发布传播者处于受众监督和问责阶段。在20世纪对气象预报发布传播应当说不存在来自于受众的监督压力，气象预报不准确那是受气象科学技术条件限制，与发布和传播本身并没有直接关系。但2000年实施《气象法》以后，发布传播公众气象预报和灾害性天气警报，就有明确的法律责任：一是国家气象台站必须按照职责向社会发布公众气象预报和灾害性天气警报；二是各级广播、电视台站和省级人民政府指定的报纸，应当安排专门的时间或者版面，每天播发或者刊登公众气象预报或者灾害性天气警报，广播、电视播出对国计民生可能产生重大影响的灾害性天气警报和补充、订正的气象预报，应当及时增播或者插播；三是广播、电视、报纸、电信等媒体载体向社会传播气象预报和灾害性天气警报，必须使用气象主管机构所属的气象台站提供的适时气象信息，并标明发布时间和气象台站的名称；四是信息产业部门应当确保气象通信畅通，准确、及时地传递气象情报、气象预报和灾害性天气警报。

显然，2000年以后，公众气象预报和灾害性天气警报发布传播已经成为一种法律责任，这是我国政府理念从管控型向服务型转变在气象传播业中的具体体现。根据《气象法》的规定，受众成为享有公众气象传播的权利人、知情人和监督人，而公共媒体载体的传播者则是无条件提供服务的人和受监督的人。在《气象法》实施的初期，一些公共性的传播媒体载体还并没有明显感觉到这种地位的变化，但是随着《气象法》实施不断深入，一些担心影响经济利益而拒绝及时增发补发传播公众气象预报和灾害性的媒体载体，已经无力拒绝；一些收到灾害性天气预警信息而不向责任范围再下传播的，或不采取相应措施而造成事件的，则会受到法律追究。同时，受众在媒体舆论的支持下，开始质疑公众气象预报信息和灾害性天气预警发布传播的目的。如2007年某省会城市暴雨如注，市区成泽国，某报新闻报道，事关老百姓安危的气象预警信息，缘何未能及时送达，并直问气象预警信息岂能拿来牟利；还有南方一报载“天气预警信息‘只发有钱有权人’”，有的受众认为，“气象预警信息事关每个老百姓的切身利益，属于社会公共信息，显然谁都需要得到，气象预警信息应免费发布传播”。类似这样的舆情在社会上引起了强烈反响，一些传播气象信息的公共传播媒体载体感到巨大的压力，纷纷回应公众气象预报信息和灾害性天气预警均实施无偿发布传播。不仅如此，公众气象预报信息和灾害性天气预警不发布传播，或不及时，或尚未覆盖，也被受众所质疑。现在一旦发生与灾害性天气相关的重大事件，气象预警信息发布传播和接收就成为被检查的首要内容。

5.3.2　传播者与受众关系的调适

从总体上讲，气象传播过程，实际上是传播者、媒介、受众等相互组成的，既矛盾又统一的有序运动过程。气象传播者与受众，二者是相互依存、相互依赖、相互制约。传播者处于发布传播过程的前端，对气象信息的内容、流量和流向以及受众的反映起着重要的影响作用。气象传播的过程不可避免地要受到传播者立场、利益的影响；受众作为气象信息的接受主体，则可以根据自己的兴趣和需求对信息做出选择，并通过意见的反馈去影响媒介的气象传播。具体讲，气象传播者和受众的关系呈现以下新的特征。

（1）“传播者本位”和“受众本位”并存。气象传播者和受众在信息传播过程中都具有主体的地位和作用。现代传播理论已经从传播者中心论发展到开始重视受众，再到现在的以受众为本，现代传播理论越来越重视受众研究。社会越来越重视以人为本的发展，以受众为本的传播是社会发展必然的要求。新媒介的双向异地实时交流则为气象传播者与受众实现互动提供了技术上的支持。近些年来，在新媒体推动下，气象传播者与受众实现了互动，已经收到很好的传播效果。

显然，过去气象传播单向形式，已经不适应现代气象传播的发展情势。传统媒体的气象传播者和受众定位非常明确，传播者是信息的发布者，受众只能被动地接收，受众不可表达对传播气象信息的看法。但新媒体使传播者和受众之间的界限被打破，受众不再是被动的气象信息消费者，受众具有与传播者交互信息的条件，甚至转变为传播者的身份，进而影响气象传播者角色的变化。随着新媒体时代的彻底到来，传播者与受众的界限已经被打破，二者逐渐呈现一体化的关系，这不仅仅是气象信息传播方式的变革，更是改变了人们对气象传播活动的传统观念。受众并不再是被动地接受信息，他们还对气象信息能进行积极反馈，通过受众对气象信息的反馈，受众与气象传播者才能实现沟通，传播者才能了解传播的效果。气象信息传播者正在适应这种关系变化，不断调适和改变传播者与受众者之间的关系。

（2）传播者主动争取受众。在现代媒体载体条件下，气象传播者必须进行调适，使之适应和满足受众的兴趣和需要。一是需要在媒体定位与受众需求之间主动寻找契合点。气象传播者应结合自身的优势资源和核心产品，明确媒体的定位和传播目标，并秉持“受众本位”的理念，深入研究受众的心理、兴趣和需要，从而在媒体自身定位和受众需求之间找到一个契合点，也就是解决好“我是谁”和“给谁看、看什么”之间的关系。如上下班市民关注上下班时的天气，农民需要农忙时节指导收割的天气变化，气象信息发布传播机构就应生产这类信息产品来满足这类受众的需求。二是强化发布媒体的社会责任。传播公众气象预报和灾害性天气预警，是一种社会责任，决不能在市场利益的驱动下，偏离其社会责任，在现代社会的气象传播过程中，应正确处理好“受众本位”与“传播者本位”的关系，让它们在互补和融合中促进气象传播的健康发展，实现传媒社会效益和经济效益的统一。

5.3.3 新媒体时代气象传播者面临挑战

在气象传播中，过去传播者往往以自身利益为中心，从受众考虑受到较大局限，特别是一些边远经济落后覆盖成本比较高的地区受众考虑不多。新媒体时代，传播者、受众处于平等共存的状态，其角色能够相互转换，并共同分享和传递各类信息。当前气象传播已趋向于多元化，传播方式也呈现非线性特征。气象信息是一种有巨大实用价值和指导意义的社会信息，在内容上具有科学性、在功能上具有公共性、在传播方式上具有互动性等。这些特征与新媒体的结合，一方面使气象信息功能得到了更加充分的发挥；另一方面也使得新媒体时代气象传播更加复杂。在新媒体时代气象传播常见的类型包括气象网站、气象微博、气象微信、气象客户端、气象微视频、手机 APP 等。在此背景下，气象传播面临着以下五个方面的挑战：

（1）从受众反响看，新媒体时代受天气事件影响的受众更加广泛，天气事件极易演变为公共事件。天气变化是受到公众热切关注的公共话题，与群众生活和各行各业生产活动密切相关，影响范围广。新媒体的快速发展使气象信息的群体共享性特征得到了很好的凸显，扩展了公共领域的维度和深度，很容易导致天气事件演变成热点事件或突发公共事件，受到全社会的广泛关注。如何明确相关部门责任义务、提高公众科学素养、提高公众灾害应对能力，如何在公共事件中有效发布信息、引导舆论、实施社会管理，对制定实施相应气象公共政策来说就是严峻挑战。

（2）从信息来源看，新媒体气象传播中的信息来源非常复杂，保证天气预报预警信息的真实性和权威性难度很大。新媒体环境下，形成了一种“人人都是记者，人人都是媒体人”的局面，例如在天气实况信息传播方面，网友通过微博、微信等社交媒体传播的天气实况信息、天气信息社会影响、气象观测数据信息呈指数式上升趋势，甚至已经成为重大天气事件中的主要社会信源之一。但是调查分析发现，新媒体所传播的气象信息来源非常复杂：有的来自气象部门达成的信息服务协议，有的来自气象部门公开发布的气象预报信息，有的来自国外气象部门的气象预报信息（如美国、日本、欧洲中心），还有的来自我国台湾（如乡镇天气）地区，等等。天气事件的影响因时因地因人而异，但一旦有特殊天气发生的信息来源，就容易得到广泛传播。因此，在公共领域中天气预报、预警信息如果得不到有效管理，特别灾害性天气事件发布与传播，就可能出现混乱，甚至引发灾害类天气公共事件，新媒体时代如何有效保证气象传播信息源，特别是灾害性天气信息的真实性，对制定实施气象公共政策也是必须面对临新的问题。

（3）从受众需求看，新媒体时代受众的气象信息需求多样、个性特征明显，公共利益和个人利益的平衡难度加大。大众传播时代是一个公众觉醒的时代，公众对气象信息的需求，因职业、阶层、年龄、兴趣而异；行业、企业与团体对气象信息的需求也呈快速增长，并且提出了定制化的专业气象服务信息需求；各级政府在应对气候变化、处理突发公共事件中，对气象信息准、快、便利和效用提出了新的更高要求。在这种形势下，不仅是对气象信息传播提出的要求，更是对整个气象信息产品生产提出的新要求。因此，在气象信息传播继续充分利用现代媒体，推进气象信息传播的分众化和个性化外，更要求气象部门应推进气象供给侧结构改革，除了继续保障生产和提供公共气象信息外，更应当充分利用市场机制，鼓励更多社会主体参与气象信息再加工、再创造，生产提供更分众化和个性化气象信息产品，更好满足人民群众和经济社会生产对提供气象信息提出的新要求。

（4）从传播时效看，新媒体的传播速度给天气预报预警和服务信息的时效性带来了新机遇。报纸、电视等传统媒体的天气信息往往只在每天的固定时间发布一次或几次，而网络信息可以实现实时更新和实时传播，天气信息可以随时以任何方式传播到任意群体。这意味着传播天气预报、气象灾害预警、气象服务的责任更大：一方面需要通过气象业务现代化更新业务模式，减少从观测、资料处理、天气预报到发布传播的延迟，最大限度提高天气信息的发布传播时效性；另一方面需要进一步明确政府部门、气象部门、媒体、电信等相关方的能力范围和责权分工，把气象信息发布传播快、发布传播准的责任落在实处。可以说，新媒体的迅速发展，为制定新的气象信息传播公共政策提供了新的机遇。

（5）从传播效果看，新媒体平台形式多样、效果各有所长，需要统筹设计、有效利用才能使气象传播效果最优化。调查研究显示，传统媒体较为擅长在天气事件结束之后做出详细分析和系统总结，而新媒体因其时效性较强更有利于事前传播预警信息和防灾减灾知识，如移动互联网的应用推广、中国天气通、墨迹天气等手机应用软件的推送功能，均为气象传播的“最后一公里”提供了有效手段。如何统筹设计各类新媒体平台，在“黄金24小时”里有效利用新媒体进行分层分类传播，将传播效果最优化，这就要求调整气象信息传播公共政策。总之，由于新媒体的发展直接或者间接地影响了气象传播者与受众之间的关系，使原来界限相对分明的主体和受众发生了重大变化，主体与受众之间呈现互换、互动、互联、互促的交互性作用，气象传播已呈现引人注目的纷繁多样的发展局面。

第⑥章 气象传播效果

传播是一种有目的的社会活动，传播效果是传播活动的出发点和归宿。人们之所以进行传播，都是基于这样一个假设，即传播能达到某种效果。为此，效果研究是传播学的重点研究领域之一。气象传播效果，是指传播者借用传播媒介将气象信息传递给受众的全过程，对受众、对社会以及对传播者自身所产生的影响，以及由其所带来的根本性变化。气象传播效果，是气象传播过程中的传播者、内容、渠道、受众和效果等最重要的一环，既是对气象传播成效的检验，也是对气象传播研究的深度展开。

6.1 气象传播效果的本质

气象传播效果是气象传播过程中诸种要素综合作用下产生的结果，对它的研究首先应该弄清它的实质，有哪些构成层面，有什么特征。

6.1.1 气象传播效果的构成

气象传播的内容和方式直接决定了传播效果的不同构成层面，在不同的层面上体现出了传播内容的不同功能。通常按照传播效果发生的先后顺序和程度，可将其分为相互关联的三个层面，即认知变化、意识和态度变化、行动变化。

（1）气象传播效果的认知变化。气象信息和技术的传播作用于受众的知觉和记忆系统，直接引起他们知识量的增加和知识构成的变化，这只是一种表象的、基本的效果。

（2）气象传播效果的意识和态度变化。气象信息作用于受众的观念或价值体系而引起情绪或感情的变化，科技能力的提升，处理人与自然关系态度的变化。

（3）气象传播效果的行动变化。当气象信息使受众发生变化并表现为行动时，就构成了传播效果的行动层面，它是气象传播效果的深度表现形式。

根据传播效果理论，其传播效果往往或针对个人，或针对组织，或针对整个社会。对气象传播效果而言，特别是气象预报和灾害性天气预警信息传播效果，对个人、对组织和对社会都可能产生积极的效果。

6.1.2　气象传播效果的特征

气象传播效果同所有信息传播一样，特征表现十分复杂，但由于气象传播还有一些自身的特殊性，其传播效果就更有一些自身特征。

（1）显隐性效果。一般信息传播效果，包括受众关注信息、理解信息、接受信息、明确态度、采取行动等不同层次。气象传播效果也反映受众的这些方面，如何认识和把握在受众中所产生的效果，一般说既有显性效果，也有隐性的效果。显性效果是指传播者能看得见的效果，具体表现为受众接收到气象传播以后，其行动上有所体现，如听到天气预报即将下暴雨了，受众则立即行动起来或准备防御工具，或准备躲避，显然可以发现受众态度和行为的改变。隐性效果是指传播者看不见的效果，受众接收气象信息后心里有感知、有印象，甚至已经比较深刻地记入大脑，受众接到气象信息只是一种复杂的意识过程，这种效果是隐性的，如果受众不用语言表达出来，传播者是看不见、摸不着的东西。因此，真正意义上的气象传播效果，就是这种显性和隐性的辩证统一。在传播实践中，无论是对气象知识、气象文化的传播，还是对气象预报和气象灾害警报的传播效果，均可从显性和隐性特征去把握。

（2）瞬久性效果。这是一个气象传播立即产生效果和持续产生效果的问题。如果从正反两个方面看，任何传播效果的体现都有一个时间过程，传播是否有效果、无效果或反效果，有的会立即被检验，有的则需要很长时间才能被检验。气象传播效果，在有的情况下会瞬间产生，也就是受众在接触气象信息的那一瞬间，信息会作用于人们的知觉和记忆系统，从而引发了人们高度关注或知识量的增加，特别是灾害性气象传播很容易收到这种效果。但是，有的气象传播之后，其效果并不会马上产生而需要一个过程，这个过程还可能需要不断重复，从意识、态度和行动层面的传播效果来看，它则更多的是一种累积性的体现，如气象科技知识的传播，对有知识基础的受众可能瞬间产生效果，而一些没有知识基础或文化程度较低的受众所产生的效果则需要长时间的积累，它是一个逐步递进，不断深化和扩大的过程。因此，对一些防御气象灾害的知识和技术就需要进行重复性推广与普及。

（3）两面性效果。任何事物都有它的两面性，气象传播效果也存在其两面性，例如气象灾害预警信息传播，有利于动员受众引起高度注意，积极参与气象灾害防御活动，或者开展自防自救工作，这是积极的正面效果。但是，从负面效果来看，有的受众可能采取过度防御而造成资源浪费，有的受众不知所措造成精神高度紧张而引起意识不良反应。还有的受众认为，气象预警信息准确率不高并不采取积极措施，等等。可以说，每次气象预警信息发布传播以后，以上诸种受众都客观存在。但是，在进行气象传播效果分析评估时，就要看主流，分主次，算比例，必须用一分为二的思维和方法客观对待，在两面性中应重点把握占主导地位的一方，抓主要矛盾。既应避免片面性分析与评估，又应抓重点和主要方面。

（4）时间性效果。与大众相联系的气象传播效果与时间有非常紧密的联系，因为一年四季天气特征不同，对人们生产生活影响也不相同，大家都容易理解和接受。如气象科普知识、气象防灾减灾知识传播就存在时间性效果问题，雷雨季节传播防御雷电的技术或知识，台风季传播防御台风、防御洪水等气象科普知识效果就好，因此，在分析评估气象传播效果时，应该充分考虑到气象信息自身的这种特殊性。中国古代二十四节气把天时、地利与人们生产生活活动有机地结合起来，为今天研究气象传播效果提供了很好的范例。

（5）空间性效果。气象传播涉及内容十分广泛，有的气象传播效果没有空间性选择，但是传播效果非常明显的气象信息大都有空间性选择。由于受气候区域性影响，同一个气象传播活动在不同的气候区域，受众对它的反应会有很大差别，有的会产生明显的效果，有的则不会产生效果。如在台风多发地传播台风防御技术知识，受众就非常关注，而在无台风发生的地区效果肯定不理想，传播防寒潮、防热浪、防洪水等气象科普知识所产生效果都存在空间性选择。

6.2 气象传播效果的形成

气象传播过程中，信息是怎样作用于受众的认知和记忆系统，怎样改变了受众的观点、态度和行为方式，以及在传播效果形成过程中哪些因素影响或制约着传播效果的形成，对这些问题进行深入分析研究直接关系到对气象传播效果的评价与认识。

6.2.1 影响气象传播效果的因素

在气象传播活动中，从气象信息发布到产生传播效果，这是一个非常复杂的过程，从传播者、信息、媒介到受众等诸多因素都可能影响或制约传播效果的最终形成。下面主要从主观因素和客观因素两个方面进行分析。

1. 主观因素

气象传播活动存在两个主体，即传播者和受众，它是发生在人与人之间的一种社会活动，在其整个过程中处在两端的都是人。因此，气象传播效果的形成受人的主观因素的影响非常明显。

（1）传播者。在气象传播效果产生中，传播者具有不容忽视的作用和影响。相同的传播内容，如果源于不一样的传播者，效果也会不同。产生这种差别的原因在于气象传播者在权威性方面存在差别，人们对气象信息的信任程度也会不一样。传播者的可信任程度愈高，产生的传播效果就愈显著；若是可信任程度低，则其传播效果愈弱。因此，打造一个良好的传播形象争取得到受众的信赖，增强公信力，是改善传播效果的有效途径。

气象传播者可分为职业传播者和非职业传播者。职业传播者可信任度较高，具有权威性，传播方式和渠道比较稳定，但存在传播方法单调、推广方式固定、发布渠道有诸等不足，可能弱化传播者的效用。非职业传播者具备双向性互动、反馈充分及时、交流方式灵便等优势，但存在传递的气象信息储存累积不足，权威性差，气象信息真实性难以核实等问题。同时，气象传播者也是一个很复杂的群体，他们的文化素质的高低、态度立场和技术水平等，也影响和制约着气象传播的内容和方式，当然会对传播效果产生影响。

（2）传播受众。气象信息使用是气象传播的根本目的，但气象传播效果则是由传播受众所确认的。传播受众接受和使用气象信息的能力，所持有的态度及素质都会对传播效果产生影响。态度，包括传播受众的看法、价值观念、经验、爱好等；素质，包括其受教育程度、职业等。一般来说，传播受众更易于接纳和自己偏好相同的气象信息和技术，受教育程度愈高、愈年轻的传播受众更易于接受新的技术及产品。个性愈鲜明的传播受众愈难以接纳和原本偏好不同的气象信息气象传播。

气象传播受众大体可分为三类：第一类是公益服务对象，人数多，分布广，收集这部分群体意见的方式，主要靠问卷调查、数据分析等方式收集意见反馈，作为改进传播效果的依据；第二类传播受众是政府及部门，主要为其提供决策气象服务信息，一般通过主动了解地方政府发展布局和工作重心，就可以获知其气象信息服务需求和意见；第三类传播受众是专业用户，为用户提供针对性强、服务效果好的信息，必须做到深入调研，了解服务需求、明确服务目的。这三大类受众由于他们的认识、地位和所处的社会环境不同，气象传播在不同的受众群中会产生不同的效果。

（3）传播过程中所涉及的其他人。气象传播是一个复杂的过程，一条气象信息从发布到传播最终受众之间，有直接达到的受众，有需要通过许多传播环节才能到达的，还有在末端只能通过人际传播才能到达的。总之，气象信息在传播过程中的参与者很多，而且在气象传播过程中扮演着各种不同的角色，他们会以自己的方式影响着传播效果。比如农村信息员，他们可能从自己的观点和水平出发，对气象信息进行筛选、传递，这就会直接影响到农民受众应用气象信息的效果。

2. 客观因素

在这里所说的客观因素主要是指在传播活动中一些非人为的影响传播效果形成的因素，主要包括气象信息内容、传播载体和社会环境等。

（1）传播内容。气象信息内容一旦形成，就具有一定的客观性，在某种程度上也决定了所要传播的内容，传播者无法改变它。因此，气象传播的内容对传播效果的影响极大，气象信息是不是准确、及时、可靠，其实用程度高低以及信息是不是容易理解等都会影响到传播效果。从受众对气象信息的需求调查显示，根据信息内容分，需求度最高的气象信息，依次是灾害性天气预警、当前天气实况、未来3天天气变化、未来12小时天气预报、国内城市天气预报、生活气象指数预报。根据信息类别分，依次是气象生活提示、气象新闻、气象科普知识、气象专家讲解等。气象信息内容不同，所产生的气象传播效果也差别很大。

（2）传播媒介。目前，气象传播媒介众多，主要有电视、广播、报纸、12121电话、网站、微信、微博、手机APP、气象电子显示屏等，各类媒介都有其自身的传播特点。为此，合理配置传播媒介显得尤为重要。一方面，注重不同媒介间的互补，要达到良好的传播效果，必须充分发挥各种媒介的优势，形成优势互补的立体传播网，实现全方位的信息传播。从大众传媒的角度来看，视听媒介如广播、电视、电影等，平面媒体如书籍、报纸、杂志等，它们在不同时期针对不同的气象传播内容都发挥不同的作用。但在现代传媒的作用下，它们均成为共生的大众传媒载体，在气象传播中这些传播媒介，正在以不同的方式（视觉传播、听觉传播、视听传播）在不同的程度上（可信度、可接受的难易程度）影响着传播效果。

（3）传播技巧。气象信息科技含量高，专业性强，面向受众传播时气象专业词汇较难被受众准确理解，不能充分发挥气象传播的效益。因此，气象信息的传播技巧对传播效果至关重要，需要根据不用对象的需求、理解能力、接受习惯进行解释、加工、包装再进行传播。一是时效性，时效性直接影响到防灾减灾的效果，特别是突发气象灾害预警信息，有时候时间就意味着生命。2007年中国气象局第16号令《气象灾害预警信号发布与传播办法》，统一了全国的预警信号，规定了台风、暴雨、高温、寒潮等14类灾害性天气预警信号的四种颜色图标，这使我国的气象灾害预警信号发布工作更为科学规范、更加权威，统一的信号也更便于受众识别，传播效果更好。二是通俗性，人们通过对气象信息的理解来指导行动，作为信息的传播主体，气象部门应尽可能减小人们接受信息时费时费力，把深奥复杂的气象信息变得通俗易懂，这样人们在理解的基础上指导生产生活的效果会更好。三是艺术性，要想传播效果更上一层楼，自然少不了增强艺术性，通过丰富的表现形式，增强可视性、可听性、可读性，让气象信息更加喜闻乐见，带给人们愉悦的精神享受。

（4）传播环境。气象传播始终是在一定社会环境中传播的，气象传播效果自然受社会环境的影响，社会环境好，人们更容易接受先进的气象信息知识和技术，更关注天气对自己生产生活活动的影响，气象传播效果就比较好。如果社会环境差，生活无保障，生产水平低，文化水平低，气象传播效果可能就会明显降低。气象信息传播效果受社会环境的影响，应是显而易见的。

6.2.2 气象传播效果形成的过程

气象传播的基本过程是由传播者发出信息，经过媒介或人际传播的作用到达受众，从而形成传播效果。弄清气象传播的整个过程，可能有效地帮助传播者更好地策划、调节和优化传播效果。根据一般传播理论，往往把受众对新事物的接受过程和传播效果的形成过程分为意识和实践阶段，以下分两个阶段来分析气象传播效果形成的过程。

（1）意识影响过程。受众先意识到某种事物的发生和存在，对之产生一定兴趣以后经过分析评价，决定是否体验尝试。这是传播效果的一种浅层次的基本表现形式，也是以后深层次效果发生的基础和前提。

气象意识是人们对气象环境及其变化的一种综合意识反映，它包括了人们对气象环境及其变化的认识过程、情感过程和意志过程，在气象传播活动中，由于人们的气象意识过程相互交织，相互影响，面对具体气象情景和信息可能表现出极其复杂的内心活动。人类对气象的认识是从感觉和知觉开始的，气象感觉和气象知觉是人们进行气象科学思维的必要基础。近现代气象科学借助现代科学和技术手段，使人类气象科学思维得到全新的发展，人们对气象形成的科学认识越来越接近气象运动规律，并且还在不断深化与发展。

气象信息发布和传播，进入受众的大脑以后，就会启动人们的意识过程，人们往往会根据自己的经历和经验，来处理即将发生的天气变化。人们对气象情感的表现大都与社会生产生活相联系，在不同的时代，同一气象现象发生可能引起人们不同情感反映，例如，人们对大雾天气的情感体验，在工业时代大雾可能造成工业大气污染物在近地扩散，并随着水雾污染物进入人体，严重危害人们的身体健康；在现代都市，大雾可能造成机场和高速公路关闭，交通拥堵，事故增加，出行不便，有的人还会产生安全焦虑。气象信息发布和传播，进入受众的大脑以后，也会调动人们的情感过程，人们会联想不同天气条件下的情感经历，或喜悦、或忧虑、或表现比较平淡。

人们的社会气象意识过程，一般有正常和异常意识过程之区别。在天气正常情况下，人们的意识反映比较平静，情绪比较稳定，当天气出现反常或异常时，人们往往比较关注天气变化，开始在意识上也会自觉地做出适应性判断和调整，只有当气象异象持续而会造成财产损失或人体安全受到危害时，人们的意识反映才开始比较复杂，意识波动起伏很大，一部分人可能继续表现出良好的意识状态，并积极组织应对或帮助人们应对，而有另一部分人（也许是大多数人）则可能表现出畏惧和逃避的意识状态。

人们的气象意识过程，存在简单和复杂意识过程之区别。简单意识过程，具体表现为在日常生产生活中经常表现出的意识现象，如今天气温如何，是否需要增减衣物，出门是否要带雨具等。复杂意识过程，主体表现是由于天气不确定原因可能会影响人们的重要活动或重大行为调整，这种情况下人们对气象的意识反映尤其复杂。如，出行坐飞机，当可能因为大雾会影响飞机安全起飞或安全降落，准备坐飞机者的意识就比较复杂，是坐飞机还是乘火车有时会犹豫不决。

（2）行为影响过程。气象传播效果最后阶段，就看受众是否从意识阶段转变为实践行动，有了实践行动才可能算达到一种比较好的效果。这里以气象预警信息传播为例，它除了能使人们在意识层面产生效果外，而且可能转变为实实在在的行动。气象灾害预警预报发布以后，根据各级政府有关规章和预案，社会将相应启动应急，这种气象信息传播就可能引起社会产生重大行动。

一是政府动员与组织。特别在气象灾害信息发布传播以后，根据气象防灾抗灾预案，各部门各单位应在各级政府的统一指挥下按照职能承担相应的抗灾职责和任务，如保证提供抗灾用物料、设备、机械，保证抗灾用电供应、通信、道路、决策信息畅通，保证抗灾用食品、药品、资金和物资充足等。二是受灾地区民众动员与组织，即加强灾区民众的气象灾害预防知识教育和普及，不断增强民众的防灾意识；组织民众开展经常性防灾避灾技能训练，增强其逃生自救能力；及时做好灾后安抚工作，增强灾民心理承受能力，确保灾后尽快恢复生产和生活秩序。三是社会援助动员与组织，即迅速动员非灾区社会组织和群众支援抗灾，或组织人力直接奔赴灾区参与救灾，或组织志愿者从事相关救灾服务，或动员公众捐款捐物。

如果根据气象灾害预警发布和传播阶段的划分，在不同阶段还可能产生不同的行为效果。

一是避防阶段，气象灾害预警传播所产生行动效果，即气象灾害来临之前，一般应选择避灾方法进行抗灾防灾，如迅速组织群众撤离到安全地带，通知停工、停课、停止江（湖）面作业，通知船只进港，安全转移可能遭受损毁的重要物资，加固可能遭受灾害破坏的重要设施，对存在重大安全隐患的地段和水库加强安全警戒。直到现在，避防措施依然是降低气象灾害损失的首选，特别是对于抗御台风、强对流天气一类的气象灾害。

二是抗灾阶段，气象灾害预警传播所产生的行动效果，即在气象灾害肆虐过程中，投入部分人力、物力和机械力量到抗击灾害第一线非常必要，如洪水来临时，加高加固堤防，抢救或转移灾前来不及转移的群众和重要物资；同时，适时发布重要气象预报，通过气象预报提供的最新信息，及时调整抗灾部署和措施，鼓舞抗灾群体斗志，坚定抗灾群体战胜灾害的信心，在遭遇不可抗拒的特大气象灾害面前，其首要行动就是组织群众避灾，确保生命安全。

三是救灾阶段，气象灾害预警取消发布传播所产生的行动效果，即灾害性天气过程基本结束，因其危害还在持续，相关救助措施必须跟上，如迅速缓解灾民精神压力，及时稳定灾民情绪，妥善安置灾民生活，认真抓好恢复重建工作等。

（3）气象传播社会效果。传播不同的气象信息内容可以收到不同的社会效果。这里仅以气象预警预报信息传播效果为例。

一是对提高气象灾害预防和抗救决策的科学性效果。政府对气象灾害预防和抗救进行决策时，到底在什么时间、什么地点、动员多少力量、采取什么方案，离不开气象预警预报信息。社会受众可以利用收到传播的气象预报信息，采取自防自救措施，以减少社会经济损失。据有关测算，从短时天气预报信息传播中获得的收益，美国气象信息每年可收益 7400 万美元，英国 650 万英镑；在能源上，美国每年收益 3930 万美元，英国可获 40 万英镑；在社会公益与安全上，美国每年获利 3.1 亿美元，英国也有 380 万英磅。

二是提高受众抗灾救灾的自觉性，减少盲目性的效果。气象灾害发生尽管有不确定性的特点，但随着气象现代科学技术的发展，对气象灾害的发生和发展可以做到越来越精细的提前预测，比较准确的预测时效可达 3 ～ 5 天，甚至可达 7 ～ 10 天。近 20 年来，我国管理科学化取得了重大进展，对一些重大事项基本形成了科学的决策体系，形成了决策层、智囊层、信息层相互协同的科学决策机制，政府决策的科学理念明显增强。反映在科学运用气象预报预警信息传播方面，全社会都非常尊重气象科学规律，对涉及气象灾害方面的一些重大决策均依赖气象信息，避免了决策的盲目性，提高了决策的科学性。

三是发挥各种灾害预防设施和设备作用的效果。为了防御各种气象灾害，在长期的生产实践中，各地修建了许多气象灾害防御设施，准备了各种抗灾设备和工具，但要充分发挥其应有的作用和效果，充分利用好气象预警预报信息就非常重要。例如，水库蓄水主要用于防御气象旱灾或保证人们生产生活用水，但在暴雨季节，水库防汛就处于两难决策，如果水库腾空防汛保安全，就可能失掉抗旱功能；如果关闸为抗旱或发电蓄水，就可能影响水库安全度汛。如果利用好气象预警预报信息，关闸蓄水和开闸泄洪基本可以做到科学决策和合理调度，使水库在防汛和抗旱中能够最大限度地发挥其应有功能。

四是鼓舞人们抗灾和救灾士气的效果。气象灾害预防和抗救是一个十分复杂的社会过程。一般而言，在遇到特大气象灾害的时候，如果没有政府组织的抗灾力量，人们往往容易产生天灾不可抗的思想，甚至迷信活动盛行，从而动摇人们的抗灾决心。由于气象预警预报信息的发布传播，往往能提前告诉人们气象灾害可能发生的时间、地点、状况、强度和可能造成的危害，有利于消除人们对灾害发生时可能造成的精神恐惧，有利于指导和帮助人们提前有针对性地采取避灾、防灾、抗灾和救灾措施，能极大地鼓励人们抗御气象灾害的士气。

根据气象服务效益评估，我国气象事业投入与产品效益比达到 1∶40 以上，因气象灾害造成的人员伤亡大为减少，其中气象预警预报信息传播的效益贡献则不可低估。除气象灾害预警信息外，其他类别气象信息传播效果，还体现在满足多层次受众的需求方面。

一是满足社会公众需求的效果，如在气象信息传播中，对社会公众来讲，能见度、晨练指数等气象相关信息，对于特殊人群在从事某项活动时更为需要。例如，对于出行人群特别是需要在高速公路驾驶的人们会特别关注能见度，有晨练习惯的老年人会去关注晨练指数。这些公众主要是为了进行某种活动，进一步提高生活质量才需要这些信息。实际上，这些气象信息是为了满足人们更高层次的需求，也就是社会需求而存在的（见表6.1）。

表6.1 公众气象信息需求层次

获取气象信息的内容及意义	需要层级
借助气象信息的使用帮助个人或团体决策，达到自我实现的目的	自我实现需要
通过对气象信息的了解，获得他人肯定或自我肯定	自尊需要
给周围有需要和关心的人传播气象信息	社会需要
获取高影响天气和气象灾害信息	安全需要
获取人体舒适程度、重污染天气相关信息	生理需求

二是满足行业受众需求的效果。“天气总是牵动着经济”，气象信息是重要的经济资源，对水利、电力、民航、运输、能源等部门工作起着关键的作用。此外，企业若能有效利用气象信息，其经济效益会显著提高。例如，电冰箱和空调器厂商可以根据气温变化与销售额增减的关系，从而制定生产和销售计划。各行各业对气象信息的需求旺盛，且各有侧重。

水利是对气象信息需求的重点部门之一。防汛调度需要降水量预报和降水趋势预测；水库生产调度需要精细化的雨量预报，从而平衡能源调度与防洪防灾；水资源开发利用需要旱涝灾情的动态监测评估，通过准确的预测为水利部门制定合理的防洪方案提供参考，实现洪水资源化；航运安全保障也需要针对性的大雾、大风等气象灾害的预报信息。交通行业对气象信息同样需求迫切，特别关注能见度、地温、道路结冰、冻土、雨（雪）等气象要素的监测，交通气象灾害预警信息与保障服务信息的发布和应用。旅游行业的敏感气象要素依次是：

风力、降雨、降雪、最高气温、最低气温和雾霾等，每种气象要素对旅游行业的影响又根据其出现的时间、地点和强度的不同而有不同的表现。气象条件对旅游行业各生产环节的影响主要表现在：景区运营管理中植物养护、花叶观赏、山体安全管理、游船服务、索道、文物保护与气象密切相关；旅游中介部门气象影响主要体现在交通安全运行、日程安排、游览效果及游人安全等方面；旅游管理部门影响包括酒店气象服务、旅游资源规划及大型活动气象服务保障等方面。能源部门（电力、热力、油气）和水供应企业需要与能源供应相关的气象监测和预报预测信息，企事业单位和大型商场等场所需要与节能、降耗相关的预报预测信息。

三是满足决策受众需求的效果。政府决策、防灾减灾，因其工作的综合性及重要性，对气象信息传播的需求有着鲜明的特征。政府部门需要根据气象部门提供的气象预报警报信息，对可能出现的暴雨、大风、冰雹、台风等灾害提前采取措施，最大限度地减少灾害对人民生命财产造成的损失。

6.3 气象传播效果的评价体系

气象传播效果评价是一项复杂的工作，它不是简单取决于某一个坐标系，也不是简单表现为某几项指标。科学的评价需要运用不同坐标系、不同指标进行评测，并对其进行组合，以形成全面的评价体系。

6.3.1 气象传播效果评价途径

气象传播的效果，可以从三方面得到明显的体现：一方面从传播者角度来看，传播目的与最后结果是否接近，目标与结果在多大程度上得到了统一；另一方面从受众角度来看，受众对传播者的态度，传播内容对他们产生的影响；再一方面从传播者和受众所产生的经济效益比较。

（1）从传播者角度看，气象传播目的是传播者在传播活动进行之前就有的，并且通过传播活动试图达到一种意图和效果。如果气象传播目的与传播效果相距较大，那么其传播就没有达到预期效果，或者失去了传播意义。气象传播的结果是因传播对受众和社会产生的最终结果，这种结果有正面效果或负面效果，预期效果或非预期效果等。实际上在大多数情况下，气象传播的最终结果并不完全等同开始设定的目标，总会有一定的差异，当然也会出现与预期比较接近的情况。

（2）从受众角度看，权威性较强的气象传播者或媒体，由于其可信度比较高，其传播效果可能要好一些；受众接触较多的媒介要比接触较少、关注程度较低的媒介传播效果也会要好一些；受众活动与气象信息关联度高比关联度低的效果要好一些；受众在行动中注意应用气象信息与不注重应用者效果要好一些。

（3）从传播者和受众所产生的经济效益比较看，效果比较有时也存在经济效益比较问题，从总体讲，传播者是服务提供者，在提供公益气象信息传播中政府有基本经济保障，受众是气象信息传播的公共权利受益人，受众获取的经济效益包含在不支付使用成本和取得的相应效益之中；社会参与的传播者大都通过广告或提升企业形象而获取相应效益，对受众来讲不需要支付成本费用，但传播者和受众不构成权责关系；只有少数气象信息传播专业经营者依靠用户付费获取经济效益，付费用户需要支付使用成本，通过使用气象信息也能获取相关经济效益或提升生活品质，传播者和受众是一种合同责任关系。

6.3.2 气象传播效果评价维度

从定性分析的角度出发，建立气象传播效果的评价标准，为做好气象传播实践提供基本遵循和指导原则也非常重要。关于气象传播效果评价标准选择有一个坐标问题，从不同的维度建标，可能形成不同的评价标准。

（1）社会效果评价尺度。气象传播的效果不应局限于普及了多少科技知识，推广了多少气象新技术，创造了多大的经济效益，促进了多少气象科技成果转化，还包括对公众素质的提高和对社会文化建设做出的贡献。

特别进行入全媒体时代，打破了传统媒介的信息垄断，气象传播渠道和信息内容多元化。互联网使一些不确定信息第一时间出现在受众面前。气象传播就是要尽量减少这种不确定性信息的传播，最大限度满足受众的知情权。特别是气象灾害事件关注度高，容易引发流言和谣言，产生消极和负面影响。“谣言止于公开”，媒体在第一时间对气象灾害事件进行报道，可以很大程度上消除谣言传播的危害。

如2012年6月11日，包括武昌、青山、汉口、沌口、光谷、江夏、蔡甸在内的武汉大部分地区被一片黄色烟雾笼罩，空气中弥漫着一股刺鼻的酸味，能见度不足500米。一时间，网络流言四起，网上风传污染源极有可能来自武钢和石化企业的氯气泄漏。当日12∶44，本地网络主流媒体荆楚网刊发消息《武汉今日雾霾天气形成原因查明》，第一次对外发布了雾霾成因。该报道称，12时40分，湖北日报记者第一时间向荆楚网传回武汉中心气象台专家权威会商结果，结果显示：从天气条件分析，武汉市11日早晨边界层有逆温现象，大气扩散条件差，加上前期空气湿度大，和大气的悬浮颗粒物结合，形成了雾霾天气。此前，武汉中心气象台于10时30分发布大雾黄色预警信号。针对网络上出现的各种传言，武汉市有关部门、企事业单位已通过其官方网站、官方微博等途径向公众辟谣，从而收到了很好的社会效果。

（2）经济效果评价尺度。气象传播效果评价有一个重要标准，就是经济效果评价尺度，它对社会经济发展有何影响，是否有一定的促进和推动作用，能产生多大经济效益。人们经常用这样的方法来衡量气象传播效果，运用经济效果尺度，评价气象传播效果已经取得了诸多成果。

气象信息是生产生活的重要参考，随着我国经济社会的发展，气象在经济社会发展全局中的地位越来越重要，各方面的需求也越来越多。夏天持续的高温刺激着消费者购买空调和降温消费品的欲望，强烈的紫外线引导消费者购买遮阳伞，饮料的销售量在酷热的夏天也是直线攀升。严重雾霾天气刺激人们对 $PM_{2.5}$ 防护口罩的关注和需求，据淘宝口罩卖家销量调查显示，无论卖家规模如何，口罩的销量都因为天气原因出现增减。据不完全统计，有近一半的交通事故与不利的气象条件有关。对物流来说，道路气象预警信息可降低因恶劣天气因素造成的货物、车辆、人员损失。在汛期多暴雨季节，在运送货物的车辆出发之前调度人员如提前得到了路上会有降水的气象预报信息，可以提前为车辆货物增加防水苫布，为车辆准备防滑防护工具。如突遇暴雨或大雾天气，转运中心如能收到道路实时预警信息，严禁车辆继续行驶，寻找附近休息区进行躲避，会极大降低车辆因恶劣天气出现车祸的概率，有效减少车辆损失、货物破损、人员伤亡给物流公司带来的损失。短期、中期、长期气候预测的气象信息，可以帮助所有季节性产品的生产商及零售商制定短期或者长期的营销计划。持续的高温天气下，防晒霜、遮阳伞、冷饮、空调等产品的需求会大增，提前做好准备的商家收益颇丰。这些方面所反映出都是气象传播所产生的经济效益。

气象信息经济价值评价尺度，最有说服力的就是气象减灾效益评估。气象信息传播，对有效防御气象灾害，减少经济损失发挥十分重要的作用，据统计，2015 年全国气象灾害造成的直接经济损失占 GDP 比重为 0.37%，为近五年的最低值，明显低于近五年 0.59% 的均值。从 2004 年到 2017 年，尽管中国气象灾害直接经济损失总额度在不断增加，但直接经济损失灾害占 GDP 的比重基本呈现下降趋势（图 6.1）。2016 年因受厄尔尼诺极端气候的影响，台风灾害、洪涝灾害及强对流灾害频发，如“莫兰蒂”等超级台风、长江流域持续强降雨、历史罕见超强寒潮、江苏盐城冰雹龙卷风、“7·20”华北超强暴雨等严重气象灾害，导致 2016 年直接经济损失占 GDP 比重为 0.67%，但仍低于 10 年平均值，但 2017 年降 0.38%。

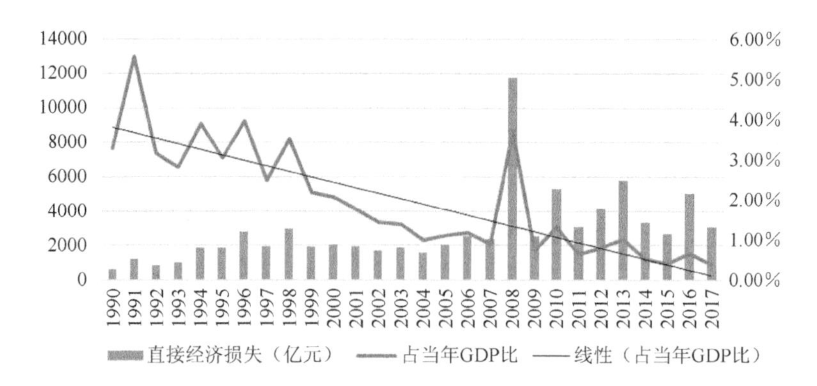

图 6.1　1990—2017 年全国气象灾害直接经济损失及占当年 GDP 比例

（数据来源：《中国民政统计年鉴》《中国气象灾害年鉴》《中国气候公报》）

由于气象灾害预警信息的及时传播，政府、社会和公众及时采取防救措施，因气象灾害造成的死亡人口中，更是大幅下降。如 2017 年，全国气象灾害造成的死亡（失踪）人数为 913 人，但远低于 2001 年以来因气象灾害造成的死亡人口数（见图 6.2）。从成因上分析，2017 年气象灾害造成的人口死亡（失踪），主要是因为由暴雨洪涝及滑坡、泥石流等次生衍生灾害，由此造成的死亡失踪人口占 7 成以上。同时，2017 年全国由于台风造成的死亡人口为 44 人，较 2016 年的 198 人大幅度降低，为 2001 年以来死亡人口平均值的 22%（图 6.2）。

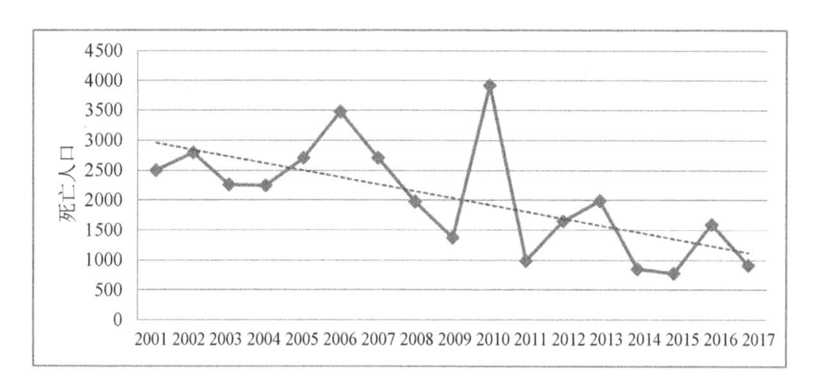

图 6.2　2001—2017 年全国气象灾害造成的死亡人口情况（单位：人）

（数据来源：《中国民政统计年鉴》《中国气象灾害年鉴》《中国气候公报》）

（3）文化效果评价尺度。文化是一种复杂的社会现象，是人们长期创造形成的产物。在气象传播中有大量的文化信息产品，对这一类气象传播效果的评价则需要从文化效果尺度进行评价，如气象科技史、中国古代气象史、气象科普场馆等传播则需要从文化尺度评价效果。

（4）技术效果评价尺度。气象传播活动的评价尺度，除了以上标准外，还可以从科技角度评价。如从气象科技推广普及、气象科技交流、气象科技成果应用等方面进行分析。随着科技的发展，气象信息在各相关行业中的技术应用越来越广泛，气象传播活动能够使受众不断采用新技术、新方法，以提高生产效率和生活品质。

6.3.3　气象传播效果评估指标

从不同维度定量分析，建立一套可供参考、操作性强的气象传播效果评估指标，对促进改进气象传播策略，进一步提高气象传播效果非常重要。

（1）传播受众接触信息的效果评估。一是从受众消费气象信息的行为看传播效果，重点关注阅读量、搜索量、网站访问流量等指标。受众信息消费行为指的是他们作为信息的接收者所表现出来的行为，这些行为是评估信息传播效果的重要依据。阅读量，很大程度上体现出气象信息到达受众的程度，影响阅读量的因素主要包括气象信息的价值、信息的表现形式以及对他人的影响。搜索行为，与一般的被动获取不同，定向性更强，搜索量反映了信息传播的热点。由于网络信息传播层次化的特点，信息对受众产生效果，并不一定要点进正文，浏览标题也是信息到达受众产生效果的一个层面，因此，网站访问流量也是衡量传播效果的一个依据。

二是从气象新闻生产行为看气象传播效果，重点关注评论量、转发量、收藏量等指标。评论量是气象事件及气象信息社会影响力的反映，如果受众在接收气象信息的同时还积极参与了对传播内容的讨论，那就更体现出受众对气象信息的关注程度。转发行为，代表受众不仅作为气象信息的接收者，更主动成为气象信息的传播者，希望与人分享而进行了二次传播，进一步扩大了气象信息的影响面。收藏行为，不仅代表受众接收到了这则气象信息，更意味着对此气象信息价值的肯定和认可。

三是从媒体的反应看气象传播效果，重点关注媒体转载量、跟进报道量等指标。除了受众的转发，媒体的转载和跟进报道也是衡量气象信息影响力的重要指标。一些气象信息具有重大意义或普遍意义，虽然在某一媒体首发，但出于对气象事件本身的关注和对其传播价值的认同，媒体在此基础上进行后续报道、系列报道、跟进报道，其强度和频率也反映出了原始气象信息的传播效果。

（2）媒介影响传播受众的效果评估。在对传播效果的研究中，学者普遍将大众传播的效果分为三个层次：认知效果、态度效果、行为效果。根据受众的思想和行为发生的逻辑顺序或表现阶段，将气象传播效果分为三个层面：

一是气象信息作用于受众的知觉和记忆系统，引起受众对气象信息的认识和理解的变化，属于认知层面上的效果。

二是气象信息作用于受众观念和价值体系，引起受众情绪的变化，属于态度层面上的效果。

三是这些变化通过受众的实际行为表现出来，即为行为层面上的效果。从认知到态度到行为，其实就是气象传播效果的增强过程。

通过上述对气象传播效果三个层面的理解，可以建立气象传播效果的评价指标体系（见表 6.2）。该指标体系主要包括三个维度，分别为认知效果、态度效果和行为效果，其中认知效果维度主要由气象信息的时效性、气象信息的充分性、气象信息的重要性构成，态度效果维度主要由对气象信息的满意程度和对气象信息源的信任程度两项构成，行为效果维度主要由有效利用气象信息的程度和气象信息需求满足的程度构成。

表 6.2　气象传播效果的评价指标体系

评价目标	评价领域	评价指标	具体指标
气象信息传播效果	认知效果	气象信息的时效性	公众对气象预警信息的响应 公众对天气预报信息的理解及其在日常决策中的应用 天气 / 气候科学素养的提升 天气 / 气候社会文化的养成 ……
		气象信息的充分性	
		气象信息的重要性	
	态度效果	对气象信息的满意程度	
		对气象信息源的信任程度	
	行为效果	有效利用气象信息程度	
		气象信息需求满足程度	

（3）传播效益实现的效果评估。气象传播的效益，根据所涉及的空间范围可分为宏观效益和微观效益，宏观效益着眼整体和长远，微观效益一般从某个具体用户应用气象信息所产生的效益；根据气象信息效益的内在功能可分为减损效益和增益效益，减损效益关注气象传播在减轻气象灾害损失方面取得的效益，增益效益关注气象信息在充分利用有利天气条件、合理开发自然资源、保护生态平衡而产生的增产增收方面的效益；根据效益属性可分为社会效益，生态效益以及经济效益。

为此，可以从以下指标来衡量气象传播效益的实现：一是防灾减灾效益，受众根据获得的气象信息能选择哪些措施，能否达到减损目的；二是增产增收效益，受众的气象经济特征，即用户依据不同气象信息采取不同决策时能否达到预期收益和效果；三是科学普及效益，考量气象科普的国民覆盖率和素质提高率。

气象传播总体上是一项公共性的社会事务，气象传播管理是指各级气象主管部门依据气象法律法规对气象传播公共事务治理性的社会组织活动。这是气象传播研究需要探讨的内容。

7.1 气象传播管理的意义

气象信息是涉及人们日常生产生活应用最为广泛的信息，通过加强气象传播管理，对促进气象传播服务业发展，维护气象信息发布传播秩序，使气象信息转化为经济社会效益有着极其重要的意义。

7.1.1 促进气象传播服务业发展

气象传播服务业，是我国传播服务业的重要组成部分。改革开放以来，我国气象传播服务业得到很大发展，气象传播组织不断扩大，形成了世界上最庞大的气象传播队伍，气象传播覆盖了95%以上的人口。但是，从气象传播服务业发展成熟情况看，仍然存在很多问题，从政策管理上解决这些问题，是促进我国气象传播服务业进一步发展的关键。

（1）气象传播公共政策的定位。气象传播行为该如何区分和定位？这是制定气象传播公共政策首先要解决的基本问题，关系到政府、气象主管机构以及各类社会组织和媒体的不同权利、义务与责任，以及市场和行业监管的方式方法等。这些在目前出台的公共政策中还存在一定不足。

公众气象预报、气象灾害预警等基本信息属于基本公共气象服务，但对于这些气象信息的传播，根据传播载体的不同却存在基本公共服务和非基本公共服务之分：对《气象法》规定的应当承担传播职责的媒体载体而言就是基本公共气象服务，对国家法律法规没有规定应当承担相应传播义务的媒体载体而言，就属于非基本公共气象服务；即使法定承担传播义务的媒体载体，传播公众气象预报信息也存在形式创新问题，在完全不影响公民享受基本公共气象服务权利前提下，通过形式创新能够部分利用市场配置资源的，也可以划为非基本公共服务范畴，如私人定制的气象信息服务。

因此，对于属于基本公共气象服务范畴的气象传播，应当遵循城乡均等化、群体均等化原则，在公共政策上要确保公民享有普遍而无差别的权利，同时也要规定气象主管机构免费开放基本公共气象信息资源的义务，以及相关组织和媒体义务传播公共气象信息的职责。对于属于非基本公共气象服务的气象传播，则应根据市场化原则，发挥市场决定作用，积极支持各类组织和媒介参与传播行为，注意对传播主体著作权、收益权等进行法律保护，减少行政干预和人为垄断。此外，除了界定公共气象信息服务范畴的信息传播类型，也要明确区分哪些气象传播属于私人气象服务范畴。

（2）气象传播公共政策主体责任。目前，气象传播法律责任还存在不够明确的地方和依法监管较难的情况，也会影响气象传播的经济效益和社会价值的实现，难以有效满足政府、社会、公众等不同主体和不同行业、领域以及不同地区和人群的需求。

《气象法》对于网站、手机、电子显示屏、数字读物等新媒体传播气象信息的法律责任和义务还没有明确的规定，已有规定只涉及广播、电视、报纸、电信等传统媒体，因为新媒体的出现在《气象法》颁布实施以后。从表 7.1 可以发现，《气象法》对气象传播法律义务和责任的规定已经难以适应新媒体形势下气象传播服务与社会治理的需求，主要不足如下：第一，从服务和治理过程来看，现行

《气象法》尚未体现信息化、新媒体时代气象信息发布与资料共享、传播、接受和反馈、服务效益评估、行业和市场监管等内容；第二，从责任主体来看，现行《气象法》中对于气象传播监管机构，网站、手机等各类新媒体的责任和义务等尚未涉及；第三，从法律行为和责任来看，现行《气象法》只对“气象预报与灾害性天气警报”发布来源做了相应的法律责任规定，没有规定违法行为需承担的法律后果，使得法律义务最终成为道德义务，体现法律的约束力明显不足。

这种情况下，各种媒体参与气象传播的目的更多是希望通过借助气象信息汇聚人气，提高其知名度和点击率，让其自身发展成为信息资源集结平台，从而实现经济价值，至于气象信息服务的社会效益是否得到了实现，一般考虑较少。违法传播气象预报和灾害预警信息，不按照规定和规范传播气象信息，以及在气象传播中同时传播其他不良或违规信息等情形。

表 7.1《气象法》中气象传播主体主要法律义务与责任

序号	法律义务类别	法律主体	法律行为	法律义务类型	法律责任
1	播发或者刊登“公众气象预报或者灾害性天气警报”	各级广播、电视台站和省级人民政府指定的报纸	应当安排专门的时间或者版面，每天播发或者刊登公众气象预报或者灾害性天气警报	强制性职责	
2	“气象预报”节目播发	广播、电视播出单位	改变气象预报节目播发时间安排的，应当事先征得有关气象台站的同意；	强制性职责	
			对国计民生可能产生重大影响的灾害性天气警报和补充、订正的气象预报，应当及时增播或者插播。	强制性职责	

续表

序号	法律义务类别	法律主体	法律行为	法律义务类型	法律责任
3	向社会传播“气象预报和灾害性天气警报”，使用气象主管机构所属的气象台站提供的适时气象信息，并标明发布时间和气象台站的名称	广播、电视、报纸、电信等媒体	向社会传播气象预报和灾害性天气警报，必须使用气象主管机构所属的气象台站提供的适时气象信息，并标明发布时间和气象台站的名称。	强制性职责	广播、电视、报纸、电信等媒体向社会传播“公众气象预报、灾害性天气警报”，不使用气象主管机构所属的气象台站提供的适时气象信息的，由有关气象主管机构按照权限责令改正，给予警告，可以并处五万元以下的罚款。
4	传播“气象信息”获得的收益，提取一部分支持气象事业发展		通过传播气象信息获得的收益，应当提取一部分支持气象事业的发展。	权利性规定	
5	确保气象通信畅通	信息产业部门	应当与气象主管机构密切配合，确保气象通信畅通，准确、及时地传递气象情报、气象预报和灾害性天气警报。	强制性职责	
		任何组织或者个人	气象无线电专用频道和信道受国家保护，不得挤占和干扰。	强制性义务	

（3）气象传播公共政策调整。新媒体的快速发展，是当下气象传播面临的最主要挑战。从各大门户网站、网页导航网站纷纷开设气象版块，国外的专业气象网站登录中国，到手机移动端的微信、微博、短视频等新媒体传播气象信息可见，气象传播已然发生了重大改变。比如，就受众而言，天气事件的受众更加广泛，天气事件极易演变为公共事件；就信源而言，气象传播中的信息来源复杂多样，天气预报预警信息的真实性和权威性难以得到保证；就信息内容而言，气象信息更加多样化、

个性化，在满足公共需求的基础上，还需要考虑不同行业和个体的需求；就传播时效而言，传播速度加快给天气信息的时效性乃至气象预报业务的组织流程带来前所未有的冲击；就传播效果而言，运用新媒体对气象信息的气象传播效果实现了最大化[①]。

但是，已有的气象传播公共政策主要针对的是传统媒体，而对新媒体气象传播没有明确规定和限制，目前众多提供气象信息的网站良莠不齐，气象信息来源繁杂、途径不同。有部分媒介与中国气象局合作，使用合法官方的气象信息；有部分媒介购买国外机构的气象信息；还有部分媒介数据来源不清，难以判别其提供的气象信息的有效性。新媒体时代气象传播中的信息来源复杂多样、真假难辨、良莠不齐，如果不对相关政策进一步加以明确，会严重干扰气象信息统一发布制度，也将面临各种新媒体气象传播难以实施有效监管。

（4）气象传播开放程度。保证基础气象信息作为一种开放的公共资源，是气象传播更好地服务于社会的基础。中国气象局是我国科学数据共享工程的第一个试点单位（2001 年），气象部门有两个向社会发布基础气象信息资料的平台。一是中国气象科学数据共享服务网站[②]。中国气象科学数据共享服务网于2004年开通，当前主要提供地面、高空、辐射、台站元数据等 18 个基础数据产品。二是智慧气象服务网站[③]。目前有智慧气象服务产品生产系统、智慧天气应用编程接口开放平台、智慧气象云存储与计算平台组成的三大平台。在上述这些数据开放平台的支撑下，气象信息资料开放工作已有一定基础。但是，与一些发达国家相比，我国基础气象信息资料开放仍有较大改革空间。

（5）气象传播行业自律机制。根据调查统计估算，目前我国提供气象信息服务的网站有上千个，包括中国天气网、2345 天气预报、中央气象台、新浪天气、腾讯天气、天气在线、搜狐天气、途牛旅游网天气预报、中国网天气预报、新华网天气预报等；手机天气 APP 初步统

---

① 彭莹辉，刘立成，叶梦姝，辛源，2017. 新媒体时代的气象信息传播公共政策[J]. 阅江学刊（1）：21-25.

② 网址：http：//cdc.cma.gov.cn/home.do

③ 网址：http：//smart.weather.com.cn/wzfw/smart/index.shtml

计有500多个，其中用户数量较多的有墨迹天气、天气通、最美天气、中国天气通、2345天气等。2014年5月27日，中国气象局公共气象服务中心与阿里云达成战略合作，共同挖掘气象大数据的深层价值①。这是气象主管机构主动与民营资本合作，推动气象信息更好地服务于经济社会和民生的重大举措，同时对于拓展气象传播途径和范围也将起到积极作用。但是，由于我国全国性气象传播行业协会尚未建立，气象传播行业和从业人员资质和标准，传播标准和规范等都还有待进一步建立和完善，如何通过行业协会等社会组织加强新媒体行业自律、提升社会责任感，都还需要积极探索。

7.1.2　维护气象信息发布传播秩序

我国气象信息发布传播经历了60多年的发展，在计划经济时期由于传播手段比较少，其发布传播秩序不存在问题。改革开放以后，特别是进入20世纪90年代后，由于传播技术的发展和受到市场利益的驱动，气象信息发布传播秩序出现许多新问题，一些不法发布传播现象大量增加，严重影响了气象信息发布传播秩序，干扰了人民群众生产生活秩序，治理这种现象则成为一项新的立法要求。气象信息发布传播违法现象主要有：

（1）一些传播载体不认真履行气象传播义务。在20世纪90年代，一些传播组织和单位因担心自身经济利益受到影响，常规气象传播经常出现有打折、缩水的情况，如电视天气预报尚未播完就插入广告；少数通信运营单位对气象短信发送采取拖延态度，影响了气象传播的时效性和作用发挥，特别是预警短信拖延发送，延误了防灾减灾有利时机。一些电台、电视台、报刊和电信载体还存在以不同方式播发和刊登不是由国家气象台站提供气象预报的现象，向公众发布的灾害性天气警报也不能及时播发和插播。这些现象不仅严重影响了公民应当享有的公共气象服务权利，而且很容易造成社会秩序混乱。

① 中国气象局与阿里云达成战略合作，http://tech.sina.com.cn/it/2014-05-27/10259402807.shtml

还有社会上一些个人或者组织擅自把个人的气象预报意见或学术讨论会上的气象预报意见，通过传媒向社会公开传播的情况屡有发生。这些意见或观点在社会上的广泛传播，给政府组织防灾减灾和人民群众正常的生产生活秩序带来了不良影响。

（2）刊播非正常来源天气预报信息。一些媒体未经气象部门许可，擅自刊播和转载天气预报信息，因信息来源不规范所致气象信息不准确，对社会造成负面影响。如 2007 年 7 月，某地晚报擅自转载非气象部门提供的“未来 48 小时天气预报”“生活指数预报”“沙尘暴橙色警报”“高温天气”等气象信息；2011 年 8 月，某地电视频道未经气象部门许可播报非正常渠道来源的天气预报；2012 年 4 月，某地手机报转发过时的天气预报，等等，均与气象部门适时发布的天气预报有严重出入，在社会上造成了不良影响。

一些记者通过非正常渠道获取并在媒体上刊播不该刊播的气象信息及其相关报道，因气象信息不准确或者表述不当对社会产生误导。如 2010 年 3 月，某地方报报道，防汛相关单位一位专家表示，今年汛期降水总体偏少，长江流域出现特大洪水的可能性不大。这一信息与气象部门当时的预测情况有较大出入（事实证明气象部门的预测是正确的），且违反了向社会发布的气象信息只能由气象部门提供和长期预报信息不得向社会公开发布的相关法律规定。 2011 年 7 月，某地方报头版头条刊登《我省迎来梅雨期最后一场大雨》，而当地气象部门并未就此次降雨过程宣布出梅。经查实，原系该个人判断，比当地气象部门公布和实际出梅日期提前了近 10 天。

一些公共设施随意转载传播气象信息。一些窗口单位开展包括气象信息服务在内的便民服务，如公路收费站、加油站、宾馆、酒店、医院、学校、交通要道等公共场所的公告栏上，随意转载的气象信息司空见惯、非常突出。因转载的气象信息来源非气象部门，因而得不到适时更新，一定程度上对公众产生误导。这种意在便民而可能误民的做法，也间接损害了气象部门形象。

（3）非法利用气象信息服务招揽用户。一些商业企业、手机运营企业等，以免费发送天气预报短信、设立包括气象信息在内的电话咨询等为增值服务，招揽用户，还有的企业利用虚假气象预报做广告，在社会上造成不良影响。如2005年，某地公司利用省移动公司端口号码向手机用户非法传播天气预报；2007年，某地移动公司手机快报摘抄气象信息；2007年，某地加油站免费向客户转发天气预报短信，等等，有的甚至跨地区传播，违反了气象信息发布与传播的属地化原则。

一些机构或个人利用气象资料全球共享，非法设立气象信息服务站，以网络平台、电话咨询、手机短信等形式向社会公众或有关单位发布和传播气象信息，谋取利益。2007年，某地网络公司与广播电台某频道联合推出"发短信，查违章、气象、股市行情"栏目，并以广告宣传引导有需要气象预报的用户发送短信从中获取信息。这些行为既可能造成气象服务信息不准确，又严重影响了气象信息服务的社会正常秩序。

（4）传播不规范现象大量发生。2014年，中国气象局应急减灾与公共服务司与国家统计局联合开展了2013年全国公众气象服务调查工作，发布了《关于气象部门天气预报信息对外发布一致性问题的调查报告》。报告中指出，天气预报信息传播存在五个方面的问题：

一是传播预报时效不一致。除中国天气网发布未来7天（168小时）城市天气预报，其他城市网站和声讯电话基本发布传播未来1～3天等时效的天气预报。

二是同一时段传播的预报内容要素、结论不一致。预报要素不统一：有些媒体平台发布传播的天气预报信息包括天气现象、最高气温、最低气温、风向、风速等5大要素；有些媒体平台在针对某些城市或某些时段的预报中仅包括天气现象、最高气温、最低气温3项要素。预报结论不统一：不同单位发布传播的同一城市同一时段的天气现象预报，有时出现下雨和不下雨两种矛盾的结论；气温预报最高出现过4℃的差异；风向和风力预报也往往不尽相同，风力预报差异一般在1～2级，等等。

三是预报更新时间不一致。个别单位服务渠道的天气预报更新频次少于3次。

四是预报信息传播不规范。个别单位没有注明天气预报发布时间或使用格林尼治时间而非北京时间；有些单位发布的温度预报信息先描述最高气温再描述最低气温，有些单位正好相反。

五是预报信息来源不明。个别城市气象局门户网站提供的全国天气预报服务使用了社会单位开发的未注明信息数据来源的天气预报插件，并链接了相应的天气预报网站。

分析以上现象出现的原因，体现在多个方面，其中也有利益驱动的问题。气象信息应用覆盖国民经济各行业和公众生产生活各领域，上下班天气预报、交通天气预报、旅游天气预报、洗车指数、穿衣指数、锻炼指数、紫外线、空气质量预报等等全方位气象服务，一定程度上满足了社会各种需求。气象信息高受众率成为传播者吸引用户和招揽顾客的重要手段，继而成为获得经济效益和商业利益的重要手段。媒体在传播气象信息的过程中，转播、导播、配发商业广告，即可获得气象信息附加收益，如电视天气预报节目前后和城市预报画面、中国天气网页面等，都合情合理合法地播发了商业广告。同时，也有新闻媒体以气象信息特别是公众关注的重大气象信息为新闻报道的内容，以醒目标题吸引公众，提升媒体的影响力，间接获取利益。在气象信息作用发挥越来越大、经济社会发展和社会公众日常生产生活越来越离不开的情况下，其广告等附加值也越来越高。在利益驱动下，各种违法、违规发布与传播气象信息的行为日趋增多。利益驱动的背后还有社会需求与气象服务能力不足的矛盾因素。在气象信息不断满足社会各种需求的同时，又不断涌现出新的各种需求，而气象信息服务产品开发不足、针对性不强、应用效益不高等气象服务能力不足与日益增长的需求不相适应的矛盾，为不法传播气象信息提供了机会、创造了条件。

前述各种问题均可能影响气象传播的正常工作秩序，甚至扰乱民心而影响社会公共秩序。在气象预报不可能百分之百的准确的前提下，各种违法违规传播气象信息的现象，还可能降低了公众对气象预报信息使用信心，并对公众行为可能产生误导。特别是不实灾害性天气气象信息的传播，可能造成对气象灾害防范不足或过度防范的情况发生，引发社会公众对气象部门发布的气象信息的科学性和公正性产生怀疑、表示不满，当有重大灾害性天气发生等紧急情况下，更可能造成社会公众情绪不稳定，影响防灾减灾抗灾救灾，更为严重的可能影响到人民群众的生命财产安全。因此，必须加强气象信息发布传播管理，以维护气象传播正常秩序。

7.2 气象传播法治建设

气象传播是一项涉及非常广泛的社会行为，气象传播管理活动则是由各级气象主管机构依法开展的一种行政类活动，已经基本形成了具有我国特色的气象传播法治管理机制。

7.2.1 气象传播管理法定内容

（1）气象传播管理法律。气象法律是由国家权力立法机关，依照法定程序制定、修改并颁布，并由国家强制力保证实施的涉及气象行为的规范。在《气象法》中涉及关于气象信息发布传播法律制度有四项。

一是强调气象预报的专业性特点，气象预报的制作和发布必须由专业部门来提供，在我国就是由公共财政支持的国家气象台站，他们必须按照职责向社会发布公众气象预报和灾害性天气警报。《气象法》第二十二条规定："国家对公众气象预报和灾害性天气警报实行统一发布制度。各级气象主管机构所属的气象台站应当按照职责向社会发布公众气象预报和灾害性天气警报，并根据天气变化情况及时补充或者订正。其他任何组织或者个人不得向社会发布公众气象预报和灾害性天气警报。"

二是气象预报传播是指将已发布的气象预报进行转播、转载和转达的过程。所有媒体和单位传播气象预报，应当使用国家气象台站提供的最新气象预报，不得自行更改气象预报的内容和结论。《气象法》

第二十四条规定："各级广播、电视台站和省级人民政府指定的报纸，应当安排专门的时间或者版面，每天播发或者刊登公众气象预报或者灾害性天气警报。广播、电视播出单位改变气象预报节目播发时间安排的，应当事先征得有关气象台站的同意；对国计民生可能产生重大影响的灾害性天气警报和补充、订正的气象预报，应当及时增播或者插播。"《气象法》第二十五条规定："广播、电视、报纸、电信等媒体向社会传播气象预报和灾害性天气警报，必须使用气象主管机构所属的气象台站提供的适时气象信息，并标明发布时间和气象台站的名称。"

三是有关科研教学单位、学术团体和个人研究形成的气象预报意见，可以提供给国家气象台站制作气象预报时参考，但不得以任何形式向社会公开发布。《气象法》第二十二条规定，除国家气象台站以外的，"其他任何组织或者个人不得向社会发布公众气象预报和灾害性天气警报。"

四是国务院其他有关部门所属的气象台站，如民航、水利、农垦、森工、盐业等部门的气象台站，可以制作提供本系统使用的专项气象预报，但不得以任何形式向社会公开发布。《气象法》第二十二条规定："国务院其他有关部门和省、自治区、直辖市人民政府其他有关部门所属的气象台站，可以发布供本系统使用的专项气象预报。"

《气象法》规定的公众气象预报和灾害性天气警报实行统一发布制度，维护了发布传播的权威性和严肃性，有效维护了气象预报发布和传播秩序。

（2）气象传播管理法规。气象法规是由国务院制定和颁布的具有法律效力的气象行政管理办法，由省、自治区、直辖市人大及其常委会制定和公布的地方性具有法律效力的气象行政管理办法。在国家颁布的《气象灾害防御条例》中对气象信息发布传播进行了规范，其中涉及害性天气警报制度如下。

一是统一害灾性天气警报发布。《气象灾害防御条例》第三十条规定："各级气象主管机构所属的气象台站应当按照职责向社会统一发布灾害性天气警报和气象灾害预警信号，并及时向有关灾害防御、救助部门通报；其他组织和个人不得向社会发布灾害性天气警报和气象灾害预警信号。气象灾害预警信号的种类和级别，由国务院气象主管机构规定。”

二是规范害灾性天气警报传播。《气象灾害防御条例》第三十一条规定：“广播、电视、报纸、电信等媒体应当及时向社会播发或者刊登当地气象主管机构所属的气象台站提供的适时灾害性天气警报、气象灾害预警信号，并根据当地气象台站的要求及时增播、插播或者刊登。”

三是明确害灾性天气警报发布传播政府责任。《气象灾害防御条例》第三十二条规定：“县级以上地方人民政府应当建立和完善气象灾害预警信息发布系统，并根据气象灾害防御的需要，在交通枢纽、公共活动场所等人口密集区域和气象灾害易发区域建立灾害性天气警报、气象灾害预警信号接收和播发设施，并保证设施的正常运转。”

四是规范基层组织传播气象灾害信息职责。乡（镇）人民政府、街道办事处应当确定人员，协助气象主管机构、民政部门开展气象灾害防御知识宣传、应急联络、信息传递、灾害报告和灾情调查等工作。

国务院办公厅还下发了《关于加强气象灾害监测预警及信息发布工作的意见》，明确提出八项措施：

一是完善预警信息发布制度。各地区要抓紧制定突发事件预警信息发布管理办法，明确气象灾害预警信息发布权限、流程、渠道和工作机制等。建立完善重大气象灾害预警信息紧急发布制度，对于台风、暴雨、暴雪等气象灾害红色预警和局地暴雨、雷雨大风、冰雹、龙卷风、沙尘暴等突发性气象灾害预警，要减少审批环节，建立快速发布的“绿色通道”，通过广播、电视、互联网、手机短信等各种手段和渠道第一时间无偿向社会公众发布。

二是加快预警信息发布系统建设。积极推进国家突发公共事件预警信息发布系统建设，形成国家、省、地、县四级相互衔接、规范统一的气象灾害预警信息发布体系，实现预警信息的多手段综合发布。加快推进国家通信网应急指挥调度系统升级完善，提升公众通信网应急服务能力。各地区、各有关部门要积极适应气象灾害预警信息快捷发布的需要，加快气象灾害预警信息接收传递设备设施建设。

三是加强预警信息发布规范管理。气象灾害预警信息由各级气象部门负责制作，因气象因素引发的次生、衍生灾害预警信息由有关部门和单位制作，根据政府授权按预警级别分级发布，其他组织和个人不得自行向社会发布。气象部门要会同有关部门细化气象灾害预警信息发布标准，分类别明确灾害预警级别、起始时间、可能影响范围、警示事项等，提高预警信息的科学性和有效性。

四是充分发挥新闻媒体和手机短信的作用。各级广电、新闻出版、通信主管部门及有关媒体、企业要大力支持预警信息发布工作。广播、电视、报纸、互联网等社会媒体要切实承担社会责任，及时、准确、无偿播发或刊载气象灾害预警信息，紧急情况下要采用滚动字幕、加开视频窗口甚至中断正常播出等方式迅速播报预警信息及有关防范知识。各基础电信运营企业要根据应急需求对手机短信平台进行升级改造，提高预警信息发送效率，按照政府及其授权部门的要求及时向灾害预警区域手机用户免费发布预警信息。

五是完善预警信息传播手段。地方各级人民政府和相关部门要在充分利用已有资源的基础上，在学校、社区、机场、港口、车站、旅游景点等人员密集区和公共场所建设电子显示屏等畅通、有效的预警信息接收与传播设施。完善和扩充气象频道传播预警信息功能。重点加强农村偏远地区预警信息接收终端建设，因地制宜地利用有线广播、高音喇叭、鸣锣吹哨等多种方式及时将灾害预警信息传递给受影响群众。要加快推进国家应急广播体系建设，实现与气象灾害预警信息发布体系有效衔接，进一步提升预警信息在偏远农村、牧区、山区、渔区的传播能力。

六是加强基层预警信息接收传递。县、乡级人民政府有关部门，学校、医院、社区、工矿企业、建筑工地等要指定专人负责气象灾害预警信息接收传递工作，重点健全向基层社区传递机制，形成县—乡—村—户直通的气象灾害预警信息传播渠道。居民委员会、村民委员会等基层组织要第一时间传递预警信息，迅速组织群众防灾避险。充分发挥气象信息员、灾害信息员、群测群防员传播预警信息的作用，为其配备必要的装备，给予必要经费补助。

七是健全预警联动机制。气象部门要及时发布气象灾害监测预报信息，并与工业和信息化、公安、民政、国土资源、环境保护、交通运输、铁道、水利、农业、卫生、安全监管、林业、旅游、地震、电力监管、海洋等部门及军队有关单位和武警部队建立气象灾害监测预报预警联动机制，实现信息实时共享；各有关部门要及时研判预警信息对本行业领域的影响，科学安排部署防灾减灾工作。建立气象灾害预警部际联席会议制度，定期沟通预警联动情况，会商重大气象灾害预警工作，协调解决气象灾害监测预警及信息发布中的重要事项。

八是加强军地信息共享。军地有关部门要进一步完善自然灾害信息军地共享机制，通过建立网络专线等方式，加快省、地、县各级气象灾害预警信息发布系统与当地驻军、武警部队互联互通。发布气象灾害预警信息时，各级人民政府有关部门要及时通报军队有关单位和武警部队，共同做好各类气象灾害应对工作。

（3）气象传播管理规章。气象管理规章是由中国气象局制定和发布的，或省（自治区、直辖市）、设区的地级以上的城市人民政府所制定的气象管理规定、办法、细则。依据《气象法》和《气象灾害防御条例》，中国气象局对气象信息发布传播管理，制定了以下规章。

一是《气象灾害预警信号发布与传播办法》。主要制度包括：气象灾害预警信号发布与传播管理权限划分制度，发布与传播设施建设责任制度，气象预警信号实行统一发布制度，气象预警信号传播制度，气象预警传播响应制度，气象预警知识公民普及制度。

二是《气象预报发布与传播管理办法》。主要制度包括：气象预报发布与传播的适用范围，部门与政府发布传播职责，统一发布制度，公众气象预报和灾害性天气警报传播制度，传播义务与行为规范制度，学术交流和专项预报的传播限制制度，违法发布与传播法律责任。

三是《气象信息服务管理办法》。主要制度包括：禁止气象信息服务单位向社会发布公众气象预报、灾害性天气警报和气象灾害预警信号；　公众气象预报、灾害性天气警报和气象灾害预警信号的发布按照国家有关规定执行。

（4）气象传播管理标准。气象标准是一种以国家或气象行业以文件形式发布的气象技术活动的统一协定，其中包含可以用来为某一气象活动及其结果制定规则、导则或特性定义的技术规范或者其他精确准则。为规范全社会气象传播活动，中国气象局近些年来加快了气象传播管理标准，其中在2016年就发布了如下12项标准：

QX/T 313—2016 气象信息服务基础术语

QX/T 314—2016 气象信息服务单位备案规范

QX/T 315—2016 气象预报传播规范

QX/T 316—2016 气象预报传播质量评价方法及等级划分

QX/T 326—2016 农村气象灾害预警信息传播指南

QX/T 332—2016 气象服务公众满意度

QX/T 336—2016 气象灾害防御重点单位气象安全保障规范

QX/T 342—2016 气象灾害预警信息编码规范

QX/T 350—2016 气象信息服务企业信用评价指标及等级划分

QX/T 351—2016 气象信息服务单位运行记录规范

QX/T 352—2016 气象信息服务单位服务文件归档管理规范

QX/T 353—2016 气象信息服务单位年度报告编制规范

7.2.2 气象传播管理权限

气象传播管理权限是国家法律规确定，《气象法》《气象灾害防御条例》有关条款规范了气象传播管理权限界限。

（1）法定违法发布传播行为。《气象法》和《气象灾害防御条例》对违法发布气象预报的行为做出了明确规定：

一是非法向社会发布公众气象预报、灾害性天气警报的行为。《气象法》第二十二条规定，合法向社会发布机构必须是各级气象主管机构所属的气象台站。除此之外的组织和个人均属违法。

二是不按照法律法规传播公众气象预报、灾害性天气警报的行为。

广播、电视、报纸、电信等媒体向社会传播公众气象预报、灾害性天气警报，不使用气象主管机构所属的气象台站提供的适时气象信息的行为。这里适时即为最新时间，由于天气变化具有不确定性特点，相应的气象预报也是滚动制作，一旦遇有重大天气过程必须即时更新、及时发布和传播。因此，公共传播载体拒绝或拖延传播适时气象信息的行为也属违法。这里实施违法行为的行政管理相对人是特定的，即指广播、电视、报纸、电信等媒体载体。

三是扰乱公共秩序的行为。国家《气象灾害防御条例》第四十六条增加了一种违法发布传播行为，即传播虚假的或者通过非法渠道获取的灾害性天气信息和气象灾害灾情的行为。

（2）检查权。对发布传播公众气象预报、灾害性天气警报的行为进行检查必须是一项法定权利。因此，《气象法》第五条规定：“国务院气象主管机构负责全国的气象工作。地方各级气象主管机构在上级气象主管机构和本级人民政府的领导下，负责本行政区域内的气象工作。”对违反本法发布传播公众气象预报、灾害性天气警报的行为，第三十八规定“由有关气象主管机构按照权限责令改正，给予警告，可以并处五万元以下的罚款”。

（3）处罚权。《气象法》《气象灾害防御条例》对违法发布传播公众气象预报、灾害性天气警报的行为授予以下权力。

一是警告权，警告是一种警戒性的纪律制裁方式，也是最轻微的一种制裁方式。对违法发布传播公众气象预报、灾害性天气警报的行为警告权，由有关气象主管机构按照权限对违法者给予处罚，其目的主要是对违法者给予批评教育，敦促其改正违法行为。

二是罚款权，是行政处罚手段之一，是行政执法单位对违反行政法规的个人和单位给予的行政处罚。对违法发布传播公众气象预报、灾害性天气警报的行为，可以并处五万元以下的罚款。有关气象主管机构按照权限对违反《气象法》第二十二条、第二十五条和《气象灾害防御条例》第三十条、第三十一条规定的单位和个人给予一定的经济制裁。罚款是一种并罚的处罚措施，有关气象主管机构按照权限根据违法行为的性质、情节和造成的后果等具体情况，在做出警告处罚的同时，决定是否给予罚款的处罚，这种处罚可以处，也可以不处。

三是治安管理处罚权，这也是一种行政法律责任，但只能由公安机关实施。如果传播虚假的或者通过非法渠道获取的灾害性天气信息和气象灾害灾情的行为，已经构成扰乱公共秩序，妨害公共安全，具有社会危害性，已经构成违反治安管理行为的，但依照《刑法》规定尚未构成犯罪的，则按照《治安管理处罚法》第二十五条第一项的规定“散布谣言，谎报险情、疫情、警情或者以其他方法故意扰乱公共秩序的，应当处五日以上十日以下拘留，可以并处五百元以下罚款；情节较轻的，处五日以下拘留或者五百元以下罚款”。

（4）行政处分权，行政处分由国家机关对所属的国家工作人员违法失职行为尚不构成犯罪，依据法律、法规所规定的权限而给予的一种惩戒。《气象法》第四十条规定：各级气象主管机构及其所属气象台站的工作人员由于玩忽职守，导致重大漏报、错报公众气象预报、灾害性天气警报等事故的，依法给予行政处分。《气象灾害防御条例》第四十三条规定，地方各级人民政府、各级气象主管机构和其他有关部门及其工作人员，在发布传播公众气象预报、灾害性天气警报活动中有违反规定行为的，由其上级机关或者监察机关责令改正；情节严重的，对直接负责的主管人员和其他直接责任人员依法给予处分。

7.3 气象传播管理对策

7.3.1 气象传播舆情监管

（1）气象舆情及其特点。气象传播与气象舆情有非常密切的联系，气象舆情的发生与气象工作有关，与气象和社会的互动也有关。因此，气象传播过程中有可能产生气象舆情。比如气候变化条件下，极端天气气候事件给社会生活带来巨大影响，公众对气象预测预报预警给予更多期待，也对天气预报的准确性、气象预警的及时性以及提供的防灾减灾措施提出更高要求，一旦出现偏差并引发公众集中关注，就可能出现气象舆情，如 2012 年北京“7·21”暴雨就是围绕气象信息发布与传播的及时性和有效性而引发的气象舆情典型案例。

气象舆情研判回应又是气象传播工作的重要组成部分，当气象舆情的主流健康、积极、体现公众对气象事业发展、进步的意识和期望时，有利于形成和提升气象部门良好社会形象、促进气象事业又好又快发展，如气象科技进步、气象信息服务产生的社会经济效益特别是防灾减灾重大效益等，应进一步引导扩大传播；当包含较多不利甚至负面的因素如气象信息不准确、传播不及时的舆论成为主流观点，或者对于气象突发事件处理应对不当，引来大范围各种猜测和恶意炒作并催生不良社会反应产生不利甚至负面气象舆情时，则要通过有效的传播引导，说明问题、承认不足、释疑解惑，满足公众的知情权，获得的公众的理解，使得负面或不利舆情向好的方面转化并产生新的积极影响。

气象舆情按内容分类，可分为预报服务类、气象工作类和个人行为类，其中，预报服务类又包括预测预报、气象服务、应急响应三个子类别；工作管理类包括相关工作类和气象管理类两个子类别。其中预报预测类舆情体现在公众期望提高气象预报预测的准确率及预警及时性；气象服务类舆情表现为公众容易从心理、意识上对生态状况、服务优劣做出判断；应急响应类舆情因与气象相关的突发性事件而引发，会引起部门和公众的双重不安。相关工作类舆情在气象舆情中占据较大比例和重要位置，真实舆情中可能会渗透虚假舆情，气象管理类舆情反映公众对气象部门除天气预报以外的气象工作的更多关注，以反对倾向居多。个人行为类舆情，影响程度视它的发生状况、人物身份、涉及面等因素而定。

气象舆情按强度分类，气象舆情可分弱型、强型和波动型。按意义分类，可分为正面和负面气象舆情。各种分类形式可能交叉出现，某一气象舆情的过程表现可能出现强型、弱型或者波动型，也可能是正面、负面的或者正负翻转。弱型气象舆情的关注点没有向气象部门转移，未从网上行为延伸到网下；强型气象舆情由多个主体行为共同引发，具备多种矛盾冲突的可能，可能延伸至现实社会；波动型气象舆情在不同的舆情演化阶段表现出明显不同的舆情特征，呈现出连锁反应，如北京“7·12”暴雨对关于灾害性天气预警是否发出持怀疑态度的较少，表现出弱型，而对预警信息的发布范围和技术条件等反映强烈，表现出强型，等等。正面舆情借助正面事件扩大影响，以主动发布居多；负面舆情往往因某一事件引发公众不满情绪，经网络发酵产生。

（2）气象舆情监测。气象舆情监测，即整合现代信息采集技术及智能处理技术，对气象热点、焦点问题所持倾向性意见进行监视和预测。气象舆情监测的目的在于从气象舆情中甄别苗头性、倾向性的动态，预测舆情动向，掌握回应主动权。同时跟踪了解社会需求，有针对性地开展好工作，特别遇突发危机事件时，能够正视和满足公众的合理诉求，掌控危机公关的黄金时刻，修复部门形象，提高部门公信力。

气象舆情监测流程，一般分为早期监测、研判监测、应对监测三个阶段。早期监测关注各种形式、涉及本部门本单位的舆情信息，及时发现有可能成为热点的问题；研判监测则将监测到的舆情信息进行分转交办，按照“快速反应、确认事实、妥善处理”的原则及时对舆情进行分析、判断、评估，查找舆情产生原因，核实反映的问题，对舆情走向及其可能产生的影响进行客观、全面的评估；应对监测是在了解舆情动态的基础上，对研判和前期应对效果予以检验，调整策略，因势利导。舆情监测流程大致包含三个方面内容：制定危机预警方案、关注事态发展、及时传递信息，即与舆论危机涉及的政府部门及机构保持紧密联系。

此外，出现敏感话题或在高级别应急响应期间，国家级层面会同相关省级气象机构或由省级气象机构在上级指导下开展专题监测，对于可预见的气象预测预报、气象服务类和部分气象工作类舆情，提前介入做好监测准备，及时提供监测报告，如启动重大气象灾害（暴雨、高温、台风寒潮、暴雪）等应急响应时；而当不利、负面舆情事件发生后，及时跟进启动专题、加密、跟踪监测，为研判与回应做好服务。

各地发生的影响较大的气象舆情，国家级应指导并组织和参与监测。

气象舆情监测的方法。日常气象舆情监测主要通过大众搜索引擎和社会合作平台开展，重大气象舆情和气象舆情分析等由社会专门机构承办，其范围涵盖新闻媒体、公共平台、自媒体（含智能手机），内容包括气象相关新闻事件、公众话题等等。

气象舆情监测遇到的困难，一是被动监测居多，缺乏一定预见性；二是习惯于报喜不报忧，信息披露不及时、透明度不高；三是反应相对滞后，特别是不利或负面舆情发生后，常常出现"稳定压倒一切"的惯性思维，不敢轻易做出行动；四是手法简单，目前大多采用人工方式，效率不高、样本不全；五是，机制不健全，目前气象舆情监测仅在国家级层面设有机构和人员，省级以下尚未建立常态化的舆情监测工作机制。

（3）气象舆情研判。应对气象舆情监管和处置的重点，一是注重舆情研判的针对性、及时性、有效性。针对一定时空范围内有关气象的集中信息展开，对信息来源、通道、广度和传播方向、途径、效能做出客观、及时的回应和反映；"第一时间"快速展开分析研判，时间越早、速度越快，其应用价值就越大，有利于尽早平息舆论风波，其在应对突发气象灾害方面体现更加充分；有效性建立在研判者的权威性、信息资料的系统性和全面性、公众意见广泛性和准确性的基础之上，同时，找准源头，积极做好引导工作也是提高有效性的重要方法。

二是把握好气象舆情的特点。舆情出现具有新近性、主观性、非强制性、公开性、易变性，并呈现萌芽、升温、炒作、"井喷"、持续炒作、降温、平息等过程阶段。根据气象舆情的发生、发展和平息规律，研判流程可分为发以下八个阶段：其一，话题识别，即对一段时间内的热点、敏感话题根据新闻出处的权威性、评论数、关注度等参数，利用关键字布控和语义分析加以识别。其二，内容摘要，即对舆情监测信息进行加工，确定在舆情事件的潜在价值，提请关注并加以引导。其三，指向分析，对话题的观点及倾向性进行分析统计，得出舆情指向。其四，主题跟踪，找准"对我有利"或者"对我有害"的主题予以跟踪。

其五，趋势研判，分析舆情在不同时间段内的发展、变化以及被关注程度。如突发重大气象灾害造成重大人员伤亡和财产损失，导致气象舆情喷发，这种舆情趋势和走向可能随着灾情的进一步发展而发生变化。其六，突发关注，综合分析突发事件的发生全貌并预测事件发展趋势，及时以科学的态度和正确的舆论引导公众思维，避免和减少非理性议论、小道消息和负面报道。其七，系统警报，及时对突发事件和敏感话题发出警报，迅速掌握舆情动态，正视和理解社会公众的合理诉求，抢占舆论制高点。其八，提交报告，舆情分析结论以报告形式提交，注意研判报告与监测报告的区别，侧重于判断并提出应对措施建议。

（4）气象舆情研判类型。根据气象舆情发生发展的特点和规律，采取不同形式的研判方法，或将几种方法有机结合。其一是预测性研判，有针对性地对一定时期的气象舆情研判分析，如在重大气象事件、重要灾害性天气及相关事件爆发初期，组织跟踪监测与分析研判，从而避免不力舆情事件的发生发展；其二，提示性研判，以日通报、周研判、月分析和重大舆情专题研判等形式，加强气象舆情信息的层级研判，对气象舆情信息进行有效监控，提高研判实效；其三，动态性研判，对已经引发舆情的气象重大事件、重要灾害性天气及相关事件实时跟踪、实时研究和判断，准确把握动态发展，及时调整回应策略；其四，反思性研判，对舆情研判和回应工作进行总结，在舆情事件发生之后或在发展过程中的某个阶段，反思研判决策和回应的成效与不足。

（5）气象舆情回应。舆情回应是处置舆情的最重要环节，有效的回应是促进舆情危机向转机的变化积极措施。对气象舆情要做到有效回应，则需要做好以正作。

一是强化舆情意识。有效回应的前提是提高对舆情的认识和增强回应意识。从必要性看，意识决定反应速度，现在无孔不入、无处不在的现代媒体多方位、多角度、多层次地批量传递信息，在第一时间到达数以亿计的公众那里，正面、负面、以偏概全、先入为主、别有用心、含沙射影的一应俱全，随时随地可能引发气象舆情。正面舆情需要扩大传播，气象部门要融入社会、被社会接受、得到社会公众支持，同时气象服务的作用发挥、气象防灾减灾知识需要让公众认识、知晓。负面舆情需要尽早消除影响，对气象部门的期望值越高、气象服务需求越大，与气象事业发展不相适应的矛盾就突出，被质疑甚至被问责的概率增加，气象公共服务与气象社会管理界限不清等一些问题，也容易引起不利舆论和消极影响。

从紧迫性看，气象舆情发生频繁，气象与社会关系越紧密，气象舆情发生的就越频繁。做好气象舆情回应工作，提高回应舆情的意识、能力和水平，是新的时代环境提出的新课题、新要求。意识决定回应行动。充分认识舆情应对的重要性，就会自觉或不自觉地纳入到工作内容，做好回应准备，应对得好，可以扩大正面效益、避免正面事件产生负面效果，也可以缩小负面影响、推动负面事件形成意想不到的正面效果；应对不当，则可能引发更多话题，影响部门的社会形象和公信力。

二是加强能力建设。气象舆情回应能力建设应引起各级气象部门的高度重视，这是加强气象传播监管的客观要求，也新形势下气象部门适应政府由管控型向服务转型重要选择。

其一，加强组织建设。现阶段，气象舆情回应作为气象宣传工作的重要内容，归口各级气象宣传机构组织和管理，各级气象机构的主要负责人是第一责任人，办公室是气象舆情回应的主体，组织气象舆情监测、提供舆情发展走向、组织舆情分析研判、提出回应措施，同时协调有关媒体特别是权威主流媒体，占领舆论高地，引导舆情发展，度过可能发生的舆论危机。但是，组建相应的气象舆情团队，各级气象部门和各机构都有共同做好舆情应对工作的责任和义务，建立气象舆情应对骨干人才库和回应团队，根据气象舆情的类型和特点，有选择地启动应对工作。

其二，加强机制建设。应严格新闻发布制度，严格遵守各项新闻发布制度，保证新闻发布和媒体报道行为的严肃性、规范性以及带给社会公众的信息的权威性、真实性。尊重公众知情权，满足公众了解气象信息和气象工作情况、气象部门情况的需求。同时，应建立新闻宣传和舆论引导会商机制，将宣传和舆论引导工作纳入日常工作部署，建立常态化的气象宣传会商和舆论引导工作机制，对重大气象活动和重大天气过程，预测媒体关注焦点，提出舆情应对预案，把握媒体报道口径和尺度等，为新闻宣传和舆论引导提供政策支持和技术把关。新闻宣传和舆论引导会上包括同一层面的内部会商和媒体会商，如重大天气过程特别是可能引发灾害的天气过程的预报结论得出后，在发出预警信息的同时，主动发布有关新闻通稿，同时做好可能出现的回应准备，帮助公众正确认识灾害性天气及其影响以及预报技术等问题；其次开展媒体会商，借助主流媒体力量扩大传播。还有部门上下会商。气象部门以条条管理为主的特征，很容易引发多个甚至全国范围的连锁反应，气象宣传报道的取向、口径、尺度等应上下一致，避免出现偏差而处于舆论被动。

建立舆情通报机制，气象部门以条条管理为主的特征和业务服务的共同性，使得气象舆情往往引发连锁反应，如灾害性天气过程是否预报、预报是否准确、是否及时发布预警信息等等进而预警怎样发布、发布范围如何等等，之后还会有关于预警发布的部门合作以及利益分成等等问题，一环套一环。环环紧扣的系列舆情，由不同媒体引发且相互影响，一批接一批。一个舆情事件引起多地群发，一地接一地。建立舆情通报机制，在舆情发生的初级阶段，或当舆情苗头出现时，及时跟踪监测，并随时在一定范围内通报进展和动态，部门内信息贯通。特别当不利舆情发生时，保持警醒。

建立回应联动机制，做好部门上下、内外联动应对，把握回应主动权。在会商和通报基础上，统一认识，客观看待舆情、正视问题；统一口径，杜绝部门内声音不一致和自相矛盾的现象发生；争取主流媒体，占领舆论制高点；用好自媒体，发挥主渠道作用；合理利用社会资源，增强舆论引导传播力。同时，把握舆情应对的时机和尺度。

建立培训考核机制，将舆情应对培训考核纳入各种轮训计划，提升防范和化解舆论危机的能力，弥补危机管理的不足。

其三，加强硬件建设。建立舆情应对综合系统和舆情应对公共平台，加强新形势下舆论引导的战略性、前瞻性研究，学习运用现代传播理念，提高舆情应对工作的针对性、主动性；加强硬件投入，建立相应的资料信息库、骨干人才库、支撑专家库等，推进舆情回应等各项机制快速落实；增加舆情监测回应经费投入并列入预算，强化与政府信息化平台、公共传媒平台、通信运营企业、社会专业机构的合作，充分利用大数据资源和社会技术力量与装备，扩大舆情监测的覆盖面、时效性，提高宏观分析、走势研判、应对效果检验评估的能力，增强气象舆情应对的科学性、客观性和有效性。

其四，营造外部环境。媒体是个双刃剑，要培养一定的“媒体感觉”，熟知舆论环境，发现舆情的苗头，抢占舆论先机，利用媒体实现正面舆情效益最大化、避免正面事件出现负面效果、推动负面舆情发展产生意想不到的正面效果。媒体既不是上级，也不是下级，有时是利益共同体，有时是挑战者，媒体生来就有与传播对象处于相互对立又相互统一的关系，满足公众知情权的重要媒介，是协调各方利益的工具。应保持经常性的沟通，这可以促使双方增加了解、加强理解，从而找到双方共同关注的切合点，使媒体资源的作用得到更好的发挥。

其五，强化危机处置。气象舆情既是危机，也是转机，一旦出现舆情应应甄别苗头、迅速建立并启动回应方案、第一时间和渐近跟踪发布信息。对于预测预报和气象服务等可能出现的具有一定规律类气象舆情提前做好舆论引导和舆情回应准备，对于应急响应、工作管理、个人行为等舆情，从媒体报道中甄别出苗头性、倾向性的舆情动态；在常态工作基础上建立舆情回应工作预案作为应急处置方法，根据舆情发生的类别及其特点，迅速组建团队，启动研判会商，提出不同情况下的回应策略及其措施；在第一时间发布简要信息，掌握舆论主动权，减少猜测、避免谣言产生、遏制不良信息扩散；及时跟进发布初步核实情况和所采取的措施及其效果；完善后续发布，分阶段、分层次地发布事情的来龙去脉、处理方式及其进展，在这个过程中，加大对相关法律法规和政策的宣传和对气象科普知识的宣传。对气象工作的质疑或不当、错误行为的舆情，正视问题，不回避、不掩饰，当事情了解清楚并处置完成后，及时回应关切、反馈处理结果，消除影响。

在回应气象舆情的过程中重点应做好以下方面。

其一，保持团队协作。保持与舆情监测部门和分析研判团队的密切联系与协作，随时跟进实施或调整应对方案，保证每一环节不出差错、不节外生枝。

其二，用好媒体资源。舆情回应的过程是与媒体打交道的过程，既要用好公共媒体资源又要用好媒体人的自媒体资源，即同时用好官方舆论和网红平台。

其三，把握时机尺度。与媒体保持合理互动，综合考量舆情事件的外部环境因素，准确把握产生舆情焦点问题的回复时机与尺度，既不能针锋相对、不合时宜地顶着上或者对着干，也不想当然地答复或者简单应付，注重挖掘和把握法律法规和政策依据。

其四，正确面对媒体人。平等交流、加强沟通、相互理解、达成共识，是有效利用媒体资源、化解舆论危机的技巧之一，能获取媒体人的信任，因而也容易赢得社会公众的信任。相反，一味站在自己立场，粗暴、简单、冷漠、无情，必将得到适得其反的回应效果。

7.3.2 创新气象传播管理

新媒体时代的气象传播公共政策的核心是要明确价值导向、引导社会参与、鼓励技术创新、严把行业标准，推动气象传播管理创新。

（1）确定价值基础，明确传播政策。一是加强观念引导。通过规定气象传播目标、确定新媒体气象传播方向等公共政策，对人们行为和事物的发展加以引导，最终将气象传播复杂、多面、相互冲突甚至漫无目标的状态，纳入清晰协调、目标明确的有序发展轨道。二是加强行为引导，规范人们行为，倡导运用多种形式弘扬气象服务无微不至无所不在的服务理念。三是重点强化气象预报预警信息发布的权威性。防止和避免新媒体传播对权威信息发布的挑战，禁止利用来源不合法、非法定机构的气象预报预警信息。四是强化国家保持基本公共气象传播的能力。防止和避免气象传播失灵，包括区域性、时段性、冲突性（比较效益）失灵。

（2）引导社会参与，促进传播创新。从政策上应要加快气象基础数据资源开放步伐，提高新媒体气象传播产业化发展水平，培养一批新媒体气象信息服务龙头企业，推动气象传播产业的规模化、集约化发展。应加快制定气象传播市场运行的基本规则和行业标准，前引导，吸引有业务能力、技术水准和人才优势的优质社会资源的积极参与，提防止低水平、重复、无序竞争对气象传播市场的不利影响，避免“先乱后治”现象。

在面向公众的气象传播技术方面，应积极激发社会媒体的积极性，大力发展新媒体移动互联网、智能硬件等现代化气象传播技术。在专业气象服务方面，必须通过政策引导，鼓励部门和社会力量参与专业性新媒体信息传播技术的研制和开发，引入现代新媒体技术，提高气象传播效率，实现快、广、准的传播目标。

（3）严格专业标准，提高传播质量。目前各类气象传播途径多达数千种，但由于气象基础数据、信息来源不一，专业能力和技术水平参差不齐，其时效性、准确性、丰富性以及内容、质量均存在较大差别，必须加强管理和监督。一是建立气象信息统一发布制度，规范气象信息发布内容，确保气象传播来源的正确和准确性；二是完善气象传播基本标准，明确传播的信息来源和基本内容，防止社会媒体的过度解读和错误传播；三是研究探索气象传播的规律，开发建立简洁、高效、用户体验良好的传播渠道，提升气象传播水平。

（4）促进媒体融合，扩大传播覆盖。加强媒体融合，打造全媒体传播平台，是新媒体气象传播未来发展的方向。2014 年 8 月在中央全面深化改革领导小组第四次会议审议通过了《关于推动传统媒体和新兴媒体融合发展的指导意见》，凸显了国家对加快媒体融合，打造全媒体信息传播格局的高度重视。会议提出，要遵循新闻传播规律和新兴媒体发展规律，推动传统媒体和新兴媒体在内容、渠道、平台、经营、管理等方面的深度融合，着力打造一批形态多样、手段先进、具有竞争力的新型主流媒体，形成立体多样、融合发展的现代传播体系。在此背景下，气象传播应积极顺应国家媒体融合整体战略的规划要求，抓住机遇，着力做好气象媒体融合的总体构架和战略性思路设计，为气象信息服务提供崭新的发展视野。

（5）强化监管职能，维护传播秩序。首先，应明确气象主管机构作为气象传播的监管主体，并完善相关管理职能、管理队伍建设等一系列基础体系建设。其次，加强气象信息管理制度建设，建立传播气象信息发布、监管平台和跟踪监管评价机制。坚持“积极利用、科学发展、依法管理、确保安全”的方针，坚持互联网发展与管理统一，行政手段与法律手段统一，产业发展与信息安全统一，参照国际惯例与适应中国国情统一，形成法律规范、行政监管、行业自律、技术保障、公众监督、社会教育相结合的新媒体气象传播管理体系，从而形成我国气象传播管理的体制机制。再次，要创新气象部门对气象信息的监管方式。对于传播虚假、过时气象信息，传播非气象部门权威发布气象信息，以及传播违法涉密气象信息，造成误导公众，引发社会恐慌等行为，要把守底线，创新方式，加强监管。

参考文献

卞耀武，等，2001．中华人民共和国气象法释义［M]．北京：法律出版社.

陈娟，2005．从直线报告到立体解读——解析气象新闻二十年嬗变［J］．中国记者（11）：74-75.

陈国弟，2011．有效扩大气象传播渠道的探讨［J］．农技服务（9）：74-75.

程建军，勇素华，龚培河，2012．我国公共气象服务理念的历史嬗变［J］．阅江学刊（3）:15-23.

戴元光，等，1988．传播学原理与应用［M］．兰州：兰州大学出版社.

董勤，2010．《气象法》的修订须以可持续发展为目标［J］．法学（5）：57-66.

龚江丽，2014．手机天气 APP 市场发展状况评估［J］．气象软科学（3）：60-62.

龚贤创，等，2001．日本两家商业气象服务公司简介．湖北气象（2）：42-45.

胡正荣，1997．传播学总论［M］．北京：北京广播学院出版社.

黄艾，2012．我国新媒体公共服务的发展现状及其政策体系建构分析［J］．东南传播（12）：1-4.

姜海如，2004．气象法应用理论解析［M］．北京：气象出版社.

姜海如，2006．气象社会学导论［M］．北京：气象出版社.

孔德新，2009．环境社会学［M］．合肥：合肥工业大学出版社.

李彬，1993．传播学引论［M］．北京：新华出版社.

黎健，苗长明，谢慷，2009．发展公共气象服务需要建立政策保障［J］．浙江气象（4）：14-19.

林峰，李晓露，桑瑞星，2011. 关于气象信息传播有关问题的分析与思考［J］. 气象软科学（5）：83-87.

罗慧，2011. 探索气象社会管理和公共气象服务机制创新［J］. 气象软科学（2）：36-40.

马鹤年，2008. 气象服务学基础［M］. 北京：气象出版社.

宁骚，2003. 公共政策学［M］. 北京：高等教育出版社.

彭黎明，2010. 论气象社会学的构建及研究展望［J］. 前沿（22）：86-88.

彭莹辉，刘立成，叶梦姝，等，2014. 气象信息传播参与社会管理的路径分析［J］. 阅江学刊（6）：28-33.

彭莹辉，刘立成，叶梦姝，等，2013. 气象传播与社会管理创新研究. 中国气象局软科学项目结题报告.

彭莹辉，刘立成，叶梦姝，2013. 构建应对气候变化的科学传播体系［J］. 阅江学刊，5（3）：35-38.

彭莹辉，刘立成，叶梦姝，等，2016. 新媒体时代的气象信息传播公共政策［J］. 阅江学刊，8（1）：21-25.

平悦，2006. 电视气象传播探析［D］. 南宁：广西大学.

齐红，彭程，2009. 广播气象信息传播研究——以河南郑州地区广播媒体为例［J］. 东南传播（6）：197-199.

人民网舆情监测室，2013. 2013 年新浪政务微博报告.

沙莲香，1990. 传播学［M］. 北京：中国人民出版社.

石永怡，2007. 气象信息的新媒体传播［J］. 广播与电视技术（10）：109-112.

宋晓丹，2012. 气象基本法视域下《气象法》的不足与完善［J］. 阅江学刊，4（6）：96-101.

孙健，等，2011. 英国的气象服务［J］. 气象科技进展（1）：51-54.

王倩，2012. “全媒体时代”提升气象信息传播力的思考［J］. 现代传播（2）：162-163.

王淞秋，2014. 网站气象信息服务现状评估分析［J］. 气象软科学（4）：95-99.

吴晓荃，杨佑保，2007. 新媒介环境下的气象信息传播策略［J］. 东南传播（9）：3-5.

辛吉武，2002．新西兰商业化气象服务概况［J］．甘肃气象（3）：38-41.
绪军，吴信训，黄楚新，2016．新媒体蓝皮书：中国新媒体发展报告（2016）［M］．北京：社会科学文献出版社.
徐耀魁，1990．大众传播学［M］．沈阳：辽宁教育出版社.
薛恒，2011．公共气象管理学基础［M］．北京：气象出版社.
杨玫，任静，裴克莉，2014．关于气象微信公众平台发展的思考［J］．山西科技，29（5）：23-25.
于新文，2016．中国气象发展报告（2016）［M］．北京：气象出版社.
于新文，2017．中国气象发展报告（2017）［M］．北京：气象出版社.
于新文，2018．中国气象发展报告（2018）［M］．北京：气象出版社.
于志庆，2009．当前气象传播研究现状分析［J］．青年记者（8）：10-11.
翟杰全，2009．科技传播政策：框架与目标［J］．北京理工大学学报（社会科学版）（4）：10-12.
张国良，1995．传播学原理［M］．上海：复旦大学出版社.
张家诚，1989．气候与人类［M］．郑州：河南科学技术出版社.
赵国政，2008．试论新闻传播主体与其客体的价值关系［J］．新闻界（1）：67-69.
郑国光，2016．中国气象百科学全书［M］．北京：气象出版社.
中国互联网络信息中心，2018．中国互联网络发展状况统计报告（第42次）．凤凰网科技.
中国互联网信息中心，2018．中国互联网络发展状况统计报告．中国网信网.
中国气象局公共气象服务中心，2016．中国公共气象服务白皮书（2016）［M］．北京：气象出版社.
中国气象局计划财务司，中国气象统计年鉴（2002—2017）［M］．北京：气象出版社.
中国气象局政策法规司，2001．中华人民共和国气象法规汇编［M］．北京：气象出版社.
中国气象局，中国气象灾害年鉴（1990—2017）［M］．北京：气象出版社.
中国气象局，中国气候公报（1990—2017）［M］．北京：气象出版社.
中华人民共和国民政部，中国民政统计年鉴（1990—2017）［M］．北京：中国统计出版社.
中国社会科学院新闻与传播研究所，2014．中国新媒体发展报告 NO．5（2014）［M］．北京：社会科学文献出版社.
中央党校和湖北省委党校，1990．主体与客体［M］．北京：中共中央党校出版社.

邹火明，许珍珍，2014. 对新媒体语境下传播主体的三点考量［J］. 长江大学学报（人文社科版）（10）：174-176.

邹建明，丁德平，陈小满，2014. 基于移动互联网气象信息发布 APP 技术实现［J］. 计算机光盘软件与应用（6）：111-113.

Karen Pennesi，2007. Improving Forecast Communication： Linguistic and Cultural Considerations［J］，BAMS-JULY，88（7）：1033-1044.

Maria Carmen Lemosa，Barbara J Morehouse，2005. The co-production of science and policy in integrated climate assessments［J］. Global Environmental Change（15）：57-68.